U0215357

广东深圳华侨城国家湿地公园系列丛书
全国自然教育总校推荐用书

在城中央

华侨城湿地运营管理及自然教育模式

主编：孟祥伟 张俊鑫 方晓婷 胡小翎

中国林业出版社

图书在版编目（ＣＩＰ）数据

在城中央：华侨城湿地运营管理及自然教育模式 /
孟祥伟等主编 . -- 北京：中国林业出版社，2021.12
（广东深圳华侨城国家湿地公园系列丛书）
ISBN 978-7-5219-1431-3

Ⅰ . ①在… Ⅱ . ①孟… Ⅲ . ①沼泽化地－国家公园－
环境教育－深圳 Ⅳ . ① P942.653.78

中国版本图书馆 CIP 数据核字 (2021) 第 242913 号

在城中央
华侨城湿地运营管理及自然教育模式

策划编辑：刘家玲
责任编辑：葛宝庆 刘家玲

出 版：中国林业出版社
承印者：北京雅昌艺术印刷有限公司
版 次：2021 年 12 月第 1 版
印 次：2021 年 12 月第 1 次印刷
开 本：787mm x 1092mm 1/16
印 张：13.25
字 数：280 千字
定 价：78.00 元

出品：广东深圳华侨城国家湿地公园（欢乐海岸·深圳）

顾问：赵树丛　马广仁　陈克林　贾峰

编委会主任：刘洪杰

编委会：余粤　张建军　陈竹君　邵瑞　邱少军　胡小翎　高征　许茜

主编：孟祥伟　张俊鑫　方晓婷　胡小翎

栏目编辑（按姓氏拼音排序）：

陈炯均　陈泽霞　戴杏　梁淑珍　卢婉琳　邱晓燕　谭婷　王海文　曾昱雯

内容支持（按姓氏拼音排序）：

陈银洁　胡卉哲　胡晓蔚　胡悦　蒋晓迪　李琦　罗雅蓝　廖天伦　任若凡

苏俐　汤秋风　吴莹　冼国芬　谢雨阳　张锋　周雅聃

图片提供（按姓氏拼音排序）：林秀云　欧阳勇　华侨城湿地

装帧设计：吕和今设计 AlloDesign

鸣谢：

国家林业和草原局

中国林学会

生态环境部宣传教育中心

广东省林业局

广东省林业政务服务中心

深圳市规划和自然资源局（林业局）

深圳市生态环境局

深圳市城市管理和综合执法局

深圳市野生动植物保护管理处

深圳市公园管理中心

深圳市生态环境局南山管理局

华侨城湿地荣誉

全国第一所自然学校

深圳第一个国家湿地公园

2016年中国人居环境范例奖

国家级滨海湿地修复示范项目

全国中小学环境教育社会实践基地

首批国家自然学校能力建设项目试点单位

自然学校示范培训基地

全国首批自然教育学校（基地）

国家级湿地学校

全国海洋意识教育基地

国家生态旅游示范区

广东省首批自然教育基地

广东省环境教育基地

序一

以自然为师，以学生为本。

“细细品读这本书，

被自然教育工作者孜孜不倦的

钻研精神深深感动，

对自然教育的不断发展充满欣喜，

也对中国自然教育的

未来发展充满希望。”

让孩子们走出教室走向自然，实地印证书本知识，发现并解析那些山水林田湖草沙背后的生态“密码”，重建人与自然的情感纽带，是我的夙愿。于是，通过在传统的校园之外建立自然学校，也就成了我逐梦的路径之一。

2014 年，有机会探访地处深圳“欢乐海岸”的华侨城国家湿地公园，发现它就是我的梦想成真之地。与通常处在远郊或大山里的自然学校不同，它就在市民的身边。虽然其占地尺度远小于纽约曼哈顿的中央公园，但从湿地生态系统的角度来观察，又是五脏俱全。更为可贵的是，华侨城集团不仅细心呵护这块地处城市腹地的“绿翡翠”，还精心编写了一套教材，营造了一间大自然教室，组织培养了一支环保志愿教师队伍，初步完成了一所自然学校的建构。从这个意义上看，我们把中国首所“自然学校”的称号授予华侨城湿地也就顺理成章了。在此基础上，我们与深圳市华基金生态环保基金会合作，共同启动了国家自然学校能力建设项目，编写发布了《自然学校建设指南》，组织全国自然教师培训，开展跨区域的经验交流，支持各地申请建立自然学校。截至 2021 年 6 月底，全国已建立 106 所自然学校，广布于大江南北、长城内外。

《在城中央——华侨城湿地运营管理及自然教育模式》这本书，总结了华侨城湿地一路走来的探索经验，讲述了华侨城湿地从一片滩涂开始，建立自然学校，逐渐成为国家湿地公园的故事。在一行行文字的背后，那些为湿地的环境教育呕心沥血的人们的身影仿佛就在眼前，如此熟悉和亲切，更令人敬佩和感动。

生态环境部宣传教育中心主任

2021 年 7 月

序二

大家学习《在城中央——华侨城湿地运营管理及自然教育模式》这本书,

更要学习华侨城湿地把人们从城市引入自然的精神,

带领广大青少年到湿地中去、到大自然中去,

体验自然生命的万物和谐,

促进人的身心健康与自由全面的发展。

创新自然教育的新高地

深圳是我国改革开放的地标性城市，改革创新的理念渗透到全社会的方方面面。在自然教育领域，广东和深圳都在领跑行列。

从深圳的名字和简称“鹏”来看，深圳与水和鸟是分不开的。的确，这里曾经是鸟的天堂、红树林的故乡、候鸟南迁的重要通道。

华侨城湿地在城市的中央，又是鸟儿和孩子们向往的地方。如何发挥湿地公园的自然价值，公园的管理者在这块并不大的大自然中，积累了一个又一个新鲜的经验。

早在 2014 年，他们就创建了华侨城湿地自然学校，把湿地的科普宣传教育同孩子们的自然体验结合起来。从简单的一间教室、一套教材、一支志愿者队伍开始，努力探索城市公园自然教育的新路径。他们把自然教育建立在自然体验的基础上，广泛地与中小学基础教育单位合作推进，带领一大批孩子走进了华侨城湿地的新课堂。他们与社会上的自然教育机构交流互动，优化了自然教育的资源配置。他们在面向公众，特别是面向广大青少年的自然体验活动方面，积累了大量的案例，形成了可以借鉴的活动载体。他们走出华侨城湿地，走进贵州、海南等地，举办自然课堂。他们还组织面向全国的自然教育师资培训、自然笔记竞赛等活动。自然教育在华侨城湿地的开展，活化了公园的建设管理，促进了湿地的生态修复，激发了人们拥抱自然、热爱自然、保护自然的自觉和热情。

近年来，全国各地的自然公园、自然保护地管理机构、自然学校、生态社团组织以及自然教育的专业工作者、志愿者纷纷到华侨城湿地参观考察，体验学习。为了满足大家学习借鉴华侨城湿地创新经验的愿望，他们组织编写了《在城中央——华侨城湿地运营管理及自然教育模式》一书，介绍华侨城湿地，推出他们的运营管理模式，分享在自然教育方面的经验。这本书是这个团队多年来辛勤劳作和奋进探索的结晶，也是他们对全国自然教育的新贡献！

我一直认为，自然教育的本质是人与自然的融合和联结，是人与自然情意沟通的过程。大家学习这本书，更要学习华侨城湿地把人们从城市引入自然的精神，带领广大青少年到森林里去、到湿地中去、到大自然中去，体验自然生命的万物和谐，促进人的身心健康与自由全面的发展，创新自然教育的新高地。

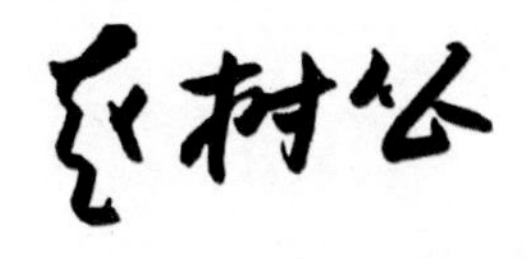

中国林学会理事长、全国自然教育总校校长

2021 年 8 月

动物　植物　景点　月亮步道

动物

01 普通翠鸟
02 噪鹃
03 乌鸫
04 黑脸噪鹛
05 褐翅鸦鹃
06 滑鼠蛇
07 豹猫
08 白胸翡翠
09 白颈鸦
10 苍鹭
11 牛背鹭
12 金斑鸻
13 金眶鸻
14 灰头麦鸡
15 黑翅长脚鹬
16 扇尾沙锥
17 矶鹬
18 斑鱼狗
19 红嘴蓝鹊
20 鹊鸲
21 珠颈斑鸠
22 斑丽翅蜻
23 黑领椋鸟
24 池鹭
25 夜鹭
26 大白鹭
27 八声杜鹃
28 弹涂鱼
29 相手蟹
30 白腰雨燕
31 蓝翡翠
32 反嘴鹬
33 喜鹊
34 黑喉石䳭
35 黑脸琵鹭
36 普通鸬鹚
37 青脚鹬
38 凤头潜鸭
39 白头鹎
40 普通鵟
41 报喜斑粉蝶
42 变色树蜥
43 长尾缝叶莺
44 绿翅鸭
45 小䴙䴘
46 小白鹭
47 八哥
48 针尾鸭
49 赤颈鸭
50 白胸苦恶鸟
51 棕背伯劳
52 琵嘴鸭
53 白鹡鸰
54 黑水鸡
55 红耳鹎
56 暗绿绣眼鸟
57 白喉红臀鹎
58 斑文鸟

植物

01 小叶榕
02 使君子
03 构树
04 凤凰木
05 秋茄
06 扶桑
07 老鼠簕
08 海桑
09 卤蕨
10 朴树
11 黄金间碧竹
12 苦楝
13 蒲葵
14 乌桕
15 美丽异木棉
16 锦杜鹃
17 银叶树
18 杨叶肖槿
19 桐花
20 木榄
21 水黄皮
22 鸡蛋花

景点

01 出入口
02 红树啼
03 平湖飞
04 三层岗
05 翩影轩
06 二层岗
07 轻纱绿
08 觅幽阁
09 华侨城

月亮步道

01 月亮步
02 月亮步

请欣赏美景，观察动植物。在不影响、不干扰它们的前提下，一起守护这片都市中的绿翡翠~

感谢参与此次指南绘制的志愿者们：珙桐（吉雪梅）、含笑（刘晓岚）、山青竹（胡佩珊）、松果（李吉妮）、太阳（钟晓杨）、小叶榕（荣涛）、柚木（方祎）、豌豆（梁淑珍）

东段
华侨城湿地漫游指南

目 录

第一章
概述

20 世纪 90 年代，广东深圳华侨城国家湿地公园（以下简称“华侨城湿地”）是深圳湾填海造陆留下的一片滩涂。随着深圳的高速发展，它由昔日污染严重、生态贫瘠的滩涂，经过一系列修复举措，重现生机，成为拥有丰富的动植物种类、生态系统趋于完善的滨海红树林湿地，也逐渐演变为公众体验自然的公益平台。

第一节 生态保护为基，自然教育为魂

唯有了解，才会关心；唯有关心，才会行动；唯有行动，才有希望。

——珍·古道

20 世纪 90 年代，华侨城湿地是深圳湾填海造陆留下的一片滩涂。2007 年，华侨城集团受深圳市府委托接管华侨城湿地，秉承“生态保护大于天”的建设理念，践行央企责任，投资逾 2 亿元，成立业部门、邀请生态科研团队，以“保护、修复、提升”为原则，历经 5 年进行综合治理。华侨城湿地地面积仅 68.5 万平方米，其中，水域面积约 50 万平方米。面积虽小，华侨城集团及湿地运营团队仍候鸟保护到生态系统进行全面思考与探索，实行“蚊虫不消杀，植被不做园林式修剪，晚上不开灯”的“三不原则，坚持“还自然一个自然的状态”的理念，营造不同生物的栖息环境和更加完整的生态系统。据统计华侨城湿地鸟类与植被的种类记录较 2007 年生态修复前提升 1 倍以上，已成为城央原生态自然家园。

自然海岸线

这里是都市中的一片滩涂，也是 800 多种生灵的栖息地。为确保湿地生态系统和功能的完整性、自然性，华侨城湿地借鉴保护区的管理模式，以“保护性修复”为前提，2012 年起实行“预约进入、免费开放”的运营模式，保证湿地的公共开放性、公益性。园区渗透“人文关怀”，感染到访公众，成为集湿地体验、生态保护和科普宣教于一体的中国唯一地处现代化大都市腹地的滨海红树林湿地，更是繁华都市中一块弥足珍贵的“绿翡翠”。

生态文明建设事业，不仅需要持之以恒，也需要通过公益教育来引导。人类与其他生命一样，都是自然的孩子，我们都需要在自然中感受能量、美与和谐，疗养身心，回归宁静与安详。自然教育的引导能够帮助我们重建人与自然之间的情感联结，让我们在钢筋水泥城市中学会对生命的感恩与敬畏。

本着一份纯粹的初衷，2014 年，在生态环境部宣传教育中心（原环境保护部宣传教育中心）的指导下，深圳市生态环境局（原深圳市人居环境委员会）和华侨城集团共同支持第一所自然学校在华侨城湿地落地，由深圳华侨城都市娱乐投资公司的湿地管理部运营。同时搭接深圳市华基金生态环保基金会（简称“华基金”）的资源和平台，将华侨城湿地自然学校“三个一”的创建经验辐射到全国。

华侨城湿地自然学校作为全国第一所自然学校，依托华侨城湿地的生态资源，由工作人员和经过培训的环保志愿教师支持与运作，成为面向公众进行生态教育，以及联动社会公益资源，为深圳市民提供学习和参与环境保护的公益自然教育组织平台。

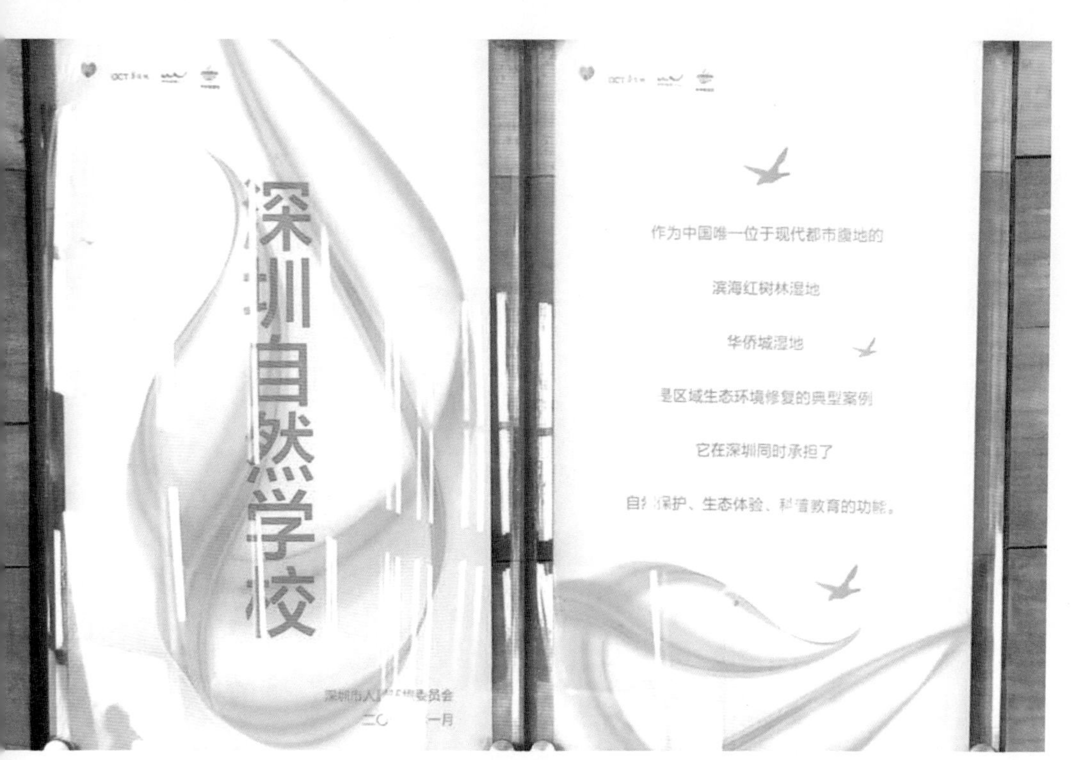

华侨城湿地自然学校成立

第二节 建设自然教育团队，促成“全园教育”

华侨城湿地的自然教育团队主要来源于自有团队和志愿者团队。

（一）自有团队的培育

自然学校从无到有，环保志愿教师培训也是从头开始。华侨城湿地自然学校从 1 名专职人员起步，先行探索自然教育，历经7年稳扎稳打的实践摸索和积累经验，现在形成了一支相对稳定的“教育经理培训导师+课程导师”的5人专职教育团队。从团队导赏到课程设计，从流程优化到助教挑选，每次活都井然有序，团队高度衔接。

华侨城湿地坚持“全园教育”，让湿地的每一个工作人员包括外单位的绿化工人、清洁工人等都为华侨城湿地的教育工作者的一员。华侨城湿地期待通过自然教育的引导，使公众能够感受大自然的命能量、美与和谐，可以疗愈身心，回归内在的宁静与安详，重建人与自然之间的情感联结。

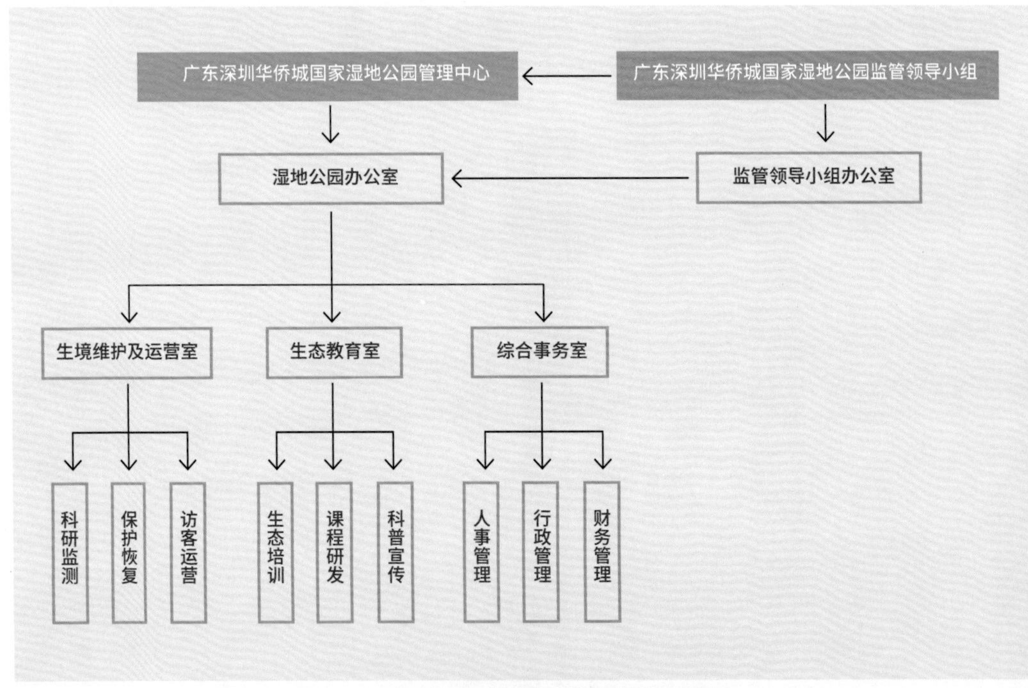

广东深圳华侨城国家湿地公园管理架构

华侨城湿地定期邀请生态保护、生态教育方面的专家及行业协会资深人士，对员工进行生态知识观鸟、野生动植物保护、植物分类、外来入侵植物防控、生态讲解等方面的培训，定期组织全职人员环保志愿教师前往其他自然教育机构学习，提升生态教育专业水平。

（二）志愿者团队建设

华侨城湿地自然学校志愿者包含 6 支队伍，分别是深圳义工联“红马甲”志愿服务队、环保志愿教
志愿服务队、暨南大学深圳旅游学院“阳光益行”党员志愿服务队、深圳狮子会志愿服务队、工作人
志愿服务队、青少年志愿服务队。

2014 年自华侨城湿地自然学校成立以来，面向社会各界招募热爱公益事业、具有不同专业背景的
愿者组建环保志愿教师队伍，并进行系列讲师培训。截至2020年底，华侨城湿地已招募并培育环保志
教师12 期425人，青少年志愿者2期102人，数支志愿者队伍共计在华侨城湿地贡献服务超过 3.1 万人
，服务时数达到 13 万小时。经过培训和考核的志愿者团队在华侨城湿地开放日为公众服务，支持开展
种类型自然教育活动及大型公益主题活动等，助力湿地生态环境维护及自然教育建设。

经过7年的积累，华侨城湿地自然学校已为培养环保志愿教师搭建了成熟的成长计划，除组织多类型
服务外，完成初阶培训后，环保志愿教师可参加进阶培训和高阶培训，特邀国内外环境保护和自然教
领域的高水平专家学者为讲师；还为优秀环保志愿教师提供外出学习的机会。同时，为环保志愿教师
供温馨的志愿者之家以供休息和交流，也为他们建设一个开放的展示平台，定期组织主题性“志愿者
享与沙龙活动”，促进合作热情，增加团队凝聚力，给环保志愿教师开设了专题访谈栏目，用情用心
为志愿者构建家的氛围，积极发扬奉献、友爱、互助、进步的志愿者精神。

2020 年 11 月，由共青团中央、中央精神文明建设指导委员会办公室（以下简称“中央文明
”）、民政部、水利部、文化和旅游部、国家卫生健康委员会（以下简称“国家卫健委”）和中国残
人联合会（以下简称“中国残联”）共同举办的第五届中国青年志愿服务项目大赛全国赛终评结果出
，经过线上路演答辩、线下集中评审等环节，华侨城湿地自然学校志愿服务项目从1000 个全国赛终评
围项目中脱颖而出，荣获第五届中国青年志愿服务项目大赛全国赛银奖。

三节　探索自然教育，研发自然教育产品体系

华侨城湿地自然学校秉承“一间教室，一套教材，一支环保志愿教师队伍”的宗旨，为热心公益、
爱环保的深圳市民提供践行生态的开放公益平台，为都市居民提供一个亲近自然、友善自然的自然教
。

依托着华侨城湿地的自然资源与环境设施，华侨城湿地自然学校通过公益的自然教育课程及专题导
活动，向市民们传授和推广大自然的智慧；通过自然学校的平台，与更多公益组织进行联动，推动社
公众参与湿地保护。无论是孩子还是成人，都渴望自然、需要自然。湿地团队携手环保志愿教师队伍
对不同年龄、不同季节研发出包括红树课程、自然 fun 课堂、小鸟课堂、小小探险家、不速之客等 34
多元化课程、116 个课程方案，并常年举办世界湿地日、世界环境日、世界地球日、爱鸟周等重要环
纪念日活动。7 年来，这里开展多样化服务类型，包括课程服务、宣传服务、定点服务、导赏服务以
大型公益活动服务等近 5000 余场次，参与公众超千万人次。

2020 年 9 月，华侨城湿地自然学校的“让孩子看见自然”项目在南山区新时代文明实践项目大赛中
得一等奖。12 月，华侨城湿地自然学校“自然艺术季”公益活动获得了第九届梁希科普奖（活动类）。

在自然教育工作中，华侨城湿地自然学校始终以打造自然教育界中的“黄埔军校”为目标，坚持
近、尊重、体验、守护、责任、传承的理念，以自然为师，培育滨海湿地守护者。湿地团队秉承着培
完整人格的五大目标——“担当、仁爱、觉知、敬畏、信任”，持续搭建、完善华侨城湿地自然教育体
随着实践经验的持续积累、理论知识的不断学习，华侨城湿地自然学校携手业内专家、环保志愿教师
伍进行沉淀总结，先后编撰了《我的家在红树林》系列丛书和《自然学校指南》《城央“滨”fun 自然课
《城央滨海湿地守护者》《从一片滩涂到自然学校》等书籍，发表《人格的培养比知识的传授更重要
华侨城湿地自然学校课程研发及教学模式探索》《华侨城湿地自然学校援建案例》《< 我的家在红树林
获评深圳市中小学“好课程”》等专业论文。

2020 年，在各级单位的指导与支持帮助下，广东深圳华侨城国家湿地公园系列丛书正式出版。其中
《解说我们的湿地——华侨城湿地自然研习径解说课程》这本书讲述的是华侨城湿地长为 2.5 千米的
然研习径的故事。本书由“中国滨海湿地的守护者”——华侨城湿地工作人员和志愿者团队共同编写而成
书中沿着自然研习径的路径，进行湿地动植物的介绍，回顾了湿地的前世与今生，讲述着湿地自然景
的生机勃勃，也诉说着这片土地生态文明建设的发展变迁。

广东深圳华侨城国家湿地公园系列丛书

《情意自然教育体验课程（1~3 年级）》和《情意自然教育体验课程（4~6 年级）》是华侨城湿地自然学校负责人孟祥伟老师邀约情意自然教育体系创始人清水老师编写而成的一套课程书籍，分为 1~3 年级和 4~6 年级两本教材，共 18 个方案。本书内容设计以自然为师、以学生为主，集华侨城湿地本土特色，同时糅合中国二十四节气、本土民间节日、自然五行、五德等概念，呈现了宇宙自然物质的运行与人文精神质量发展的融合，建立与增强人与自然的联结。

置身科技信息时代，华侨城湿地及华侨城湿地自然学校积极推进线上宣传教育，现有“趣玩自然”“守护者培养”“科普小文”“志愿者访谈”“二十四节气”和环保日宣传系列海报等多个宣传主题，定期计划排布并推送至各类宣传平台，包括湿地官网、微信公众号、微博、读特新闻客户端及各类短视频网站等。湿地团队紧跟时事，不断更新、升级绿色环保理念传播主题及方式。2019 年起，华侨城湿地进驻湿地中国等业内专业科普网站，与微信公众号、微博头条文章同步推送，发布科普文章近 500 篇，阅读量破百万人次。2020 年，华侨城湿地自然学校新增《云游湿地——小侨带你探湿地》系列课程，该课程以短视频的方式进行线上科普，上传至华侨城湿地官方微博、湿地官方微信公众号、抖音、哔哩哔哩弹幕网等多个平台，观看人数超 5 万人次。同年，自然艺术季宣传视频投放至全市公交车及地铁移动电视终端，影响人次近千万。与时俱进，思考创新，以互联网时代的开放性、连接性、互动性，将绿色环保理念传递给更多的公众。

华侨城湿地自然学校自然教育工作 7 年的探索发展已经积累了丰富的经验。通过对自然教育工作课程活动体系的梳理，可以了解到华侨城湿地自然学校自然教育工作的开展执行已大体形成从团队到产品研发再到产品使用场景的完整路径。

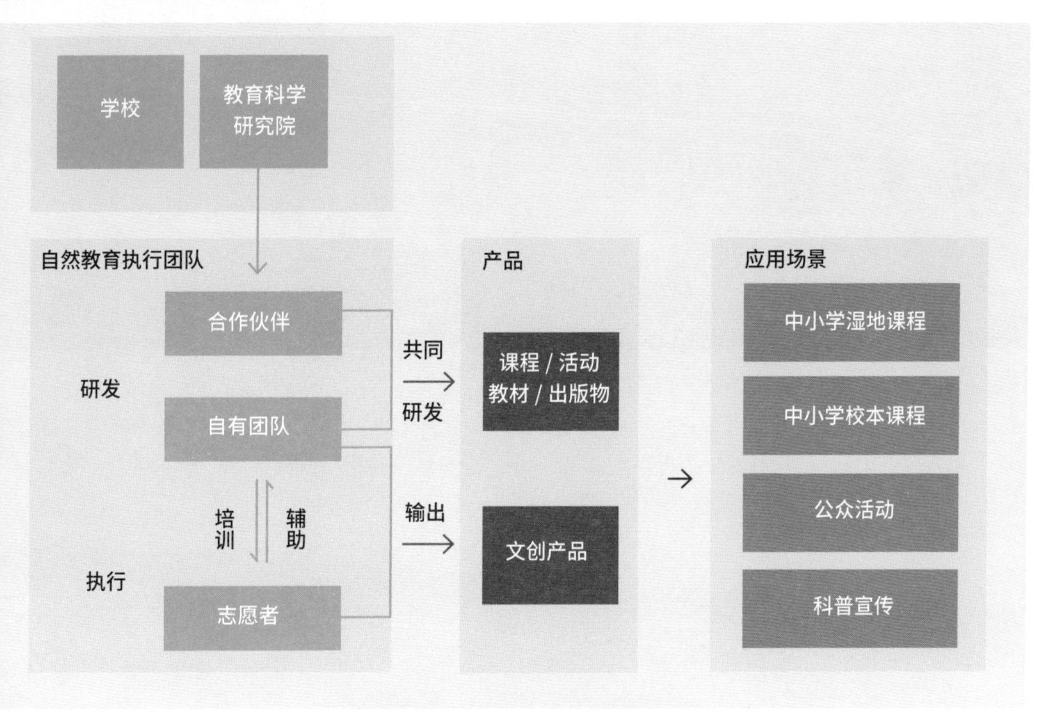

产品研发再到产品使用场景的完整路径

第四节 立足新起点，踏上新征程

在华侨城集团多年的悉心经营下，在社会各界的支持与帮助下，华侨城湿地开创“政府主导、企业管理、公众参与”的创新管理模式，坚持进行自然教育、社区服务、公益平台打造、生态保护等方面的不断提升，受到了社会的广泛关注和公众的广泛认可，获得多项荣誉，先后获得“深圳市义工生态实践教育基地”“深圳市人居环境教育基地”“广东省环境教育基地”“企业社会责任案例奖”“深圳首批自然教育中心”“全国中小学环境教育社会实践基地”“最佳志愿服务项目”“全国自然教育学校（基地）”“广东省自然教育基地”“深圳市工人先锋号”等嘉奖。

华侨城湿地荣誉墙

2020 年 12 月，华侨城湿地通过国家林业和草原局试点验收，正式成为深圳市首个国家湿地公园。2021 年 4 月 22 日，广东深圳华侨城国家湿地公园正式挂牌，开启新征程。

广东深圳华侨城国家湿地公园正式挂牌

2021 年，正值中国共产党成立 100 周年，也是实施“十四五”规划、开启全面建设社会主义现代化国家新征程的开局之年。华侨城湿地立足国家级湿地公园新起点，将坚持以“绿水青山就是金山银山”为引领，持续学习领悟习近平总书记的生态文明思想，积极响应推动实现“十四五”高质量绿色发展目标，贯彻落实“创新、协调、绿色、开放、共享”新发展理念。湿地团队秉承“生态环保大于天”的理念，持续推进生态文明建设工作，提升国家湿地公园管理水平，增强湿地生态系统治理能力。华侨城湿地自然学校将秉承“三个一”宗旨，坚持通过教育活动与公益活动，搭建社会各界践行生态环保行动的开放性公益平台，树立自然学校示范标杆，成为自然教育领域全国先行先试的典范，将绿色发展理念面向全国乃至世界输出，为城市生态文明建设作出贡献。

第五节 华侨城湿地大事记年表

2007—2011

深圳市政府将华侨城湿地委托给华侨城集团管理，华侨城集团坚持“生态保护大于天”的建设理念，以“保护、修复、提升”的生态治理方针，开展湿地综合治理。

2012

华侨城湿地开园，正式对公众开放。

2015

提出并践行“零废弃”“无痕湿地”管理理念。

2016

提出华侨城湿地的愿景，成为国际先进的公众参与式态保护及自然教育示范基地。提出“还自然一个自然状态”的管理理念，以及“三不”原则；经国家林业局批复成为深圳首个国家湿地公园试点。

2019

提出“保护是基础，教育是灵魂”的理念，推行“全园教育”。

2013

圳市义工联环保生态组加入华侨城湿地志愿服务，为众进行定点讲解。

2014

全国第一所自然学校在华侨城湿地落地，秉承“三个一”的宗旨，开创“政府主导、企业管理、公众参与”的管理模式。

2017

出“中国滨海湿地守护者”的定位，以及“科学化、细化、智能化”的管理。

2018

创办华侨城湿地品牌公益活动，“‘零’感源自然”自然艺术季。提出“让环保成为一种生活习惯，让公益成为一种生活方式”，践行用“心”用“情”，做有温度的服务。

2020

启动“华侨城湿地微笑服务年”活动，打造“智慧湿地”。通过省林业局、国家林业和草原局验收评估，成为深圳首个国家湿地公园。

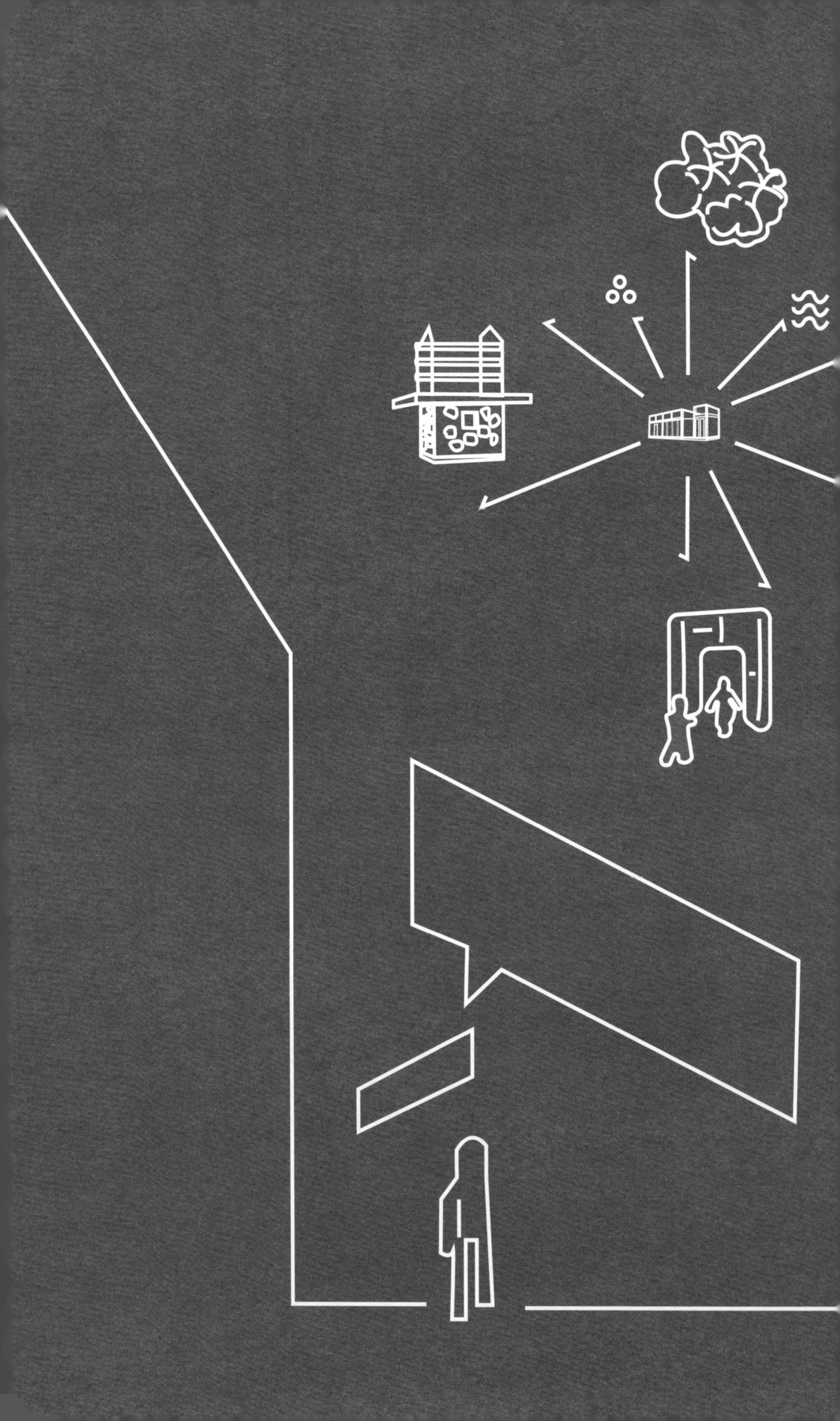

第二章
保护自然

在深圳创新基因的带领下，2007 年，华侨城集团探索央企托管城央湿地道路，开启十多年的守护之路，打造出让公众走进自然、守护自然的“一间教室”。这间“教室”打破了常规，让教学不再局限于一间小小的房屋，而是走出城市，回归自然，将广阔天地变为教学的场地。

华侨城集团为湿地组建专家团队，成立专业运维团队，从修复到园区运营，始终守着这份初心，不遗余力地倾注华侨城的绿色能量。滨海湿地守护者的队伍，也随着志愿者的加入而不断壮大。这片湿地随着生物们的回归、守护者的加入，也重新焕发生命的色彩。湿地自然的生态环境、丰富的生物多样性，组成这城央滨海生态博物馆，构成这自然教室的生态素材；志愿者用心用情地呵护着这片湿地，带领公众走进自然，共同守护自然。

随着深圳的高速发展，华侨城湿地应运而生。它由昔日污染严重、生态贫瘠的滩涂，经过一系列
复举措，重现生机，成为拥有丰富的动植物种类、生态系统趋于完善的滨海红树林湿地。这期间，经
一群充满责任感与使命感的湿地“守护人”不懈努力，跳出各种限制，不断摸索适合湿地的生态维护
理模式，华侨城湿地生态环境终于全面改善，生物种类逐渐丰富。越来越多稀有物种的出现，证明现
湿地生态环境已满足一个健康完整的生态系统所需要的各个条件，足以支撑稀有物种生存。湿地现已恢复
形成了一个愈加健康稳定的生态系统，成功地重现了华侨城湿地的生机与活力。

华侨城湿地共记录 800 余种动植物。迄今为止，节肢动物累计记录超 200 种，鱼类、沙蚕、螺等
栖生物种类数量增至 80 种以上；植物种类由 162 种增至 369 种；湿地还栖息着 180 多种鸟类，包括
脸琵鹭、鹗、白腹鹞等 12 种国家重点保护野生鸟类，凤头鹛鹏、苍鹭等 18 种广东省重点保护野生鸟类
华侨城湿地是深圳湾鸟类最重要的栖息地之一，也是深圳湾鸟类多样性最高的区域之一，栖息于此的
类占深圳湾鸟类种类的 70% 以上。

2010 年 3 月 3 日，雕鸮在华侨城湿地出现，为该鸟在深圳的首次记录

白胸苦恶鸟

反嘴鹬

黑水鸡

大批鸻鹬过境

白花鬼针草

斑丽翅蜻

豹猫

黑脸琵鹭

鸡蛋花

跳蛛

云斑蜻

长脚捷蚁

第一节 修复自然

生态文明建设是关系中华民族永续发展的根本大计。

生态兴则文明兴，生态衰则文明衰。

——2018 年 5 月 18 日至 19 日，习近平出席全国生态环境保护大会并发表重要讲

华侨城湿地作为一处城市中央的内湖，被永久保存下来。深圳湾填海工程完成后，华侨城湿地因人管理，出现大量入侵植物，原始红树林受到不同程度的危害；又因湿地水域陆地化严重、水污染加深水域被侵占等情况，华侨城湿地及深圳城市生态圈遭受严重破坏。

为修复湿地的生态环境，华侨城组建专业团队，包括鸟类、水环境、生态学、红树林等多个不同域专家，在水环境、鸟类等监测的基础上，共同研讨修复对策，对湿地进行了一系列的生态修复工程始终保持生态监测，掌握系统变化。

华侨城湿地生态修复以人工生态修复工程为主，与保护和修复自然生态系统相结合，具体又分为水植物的环境修复治理工程及鸟类栖息环境修复、生物廊道恢复等生态系统修复重建技术。

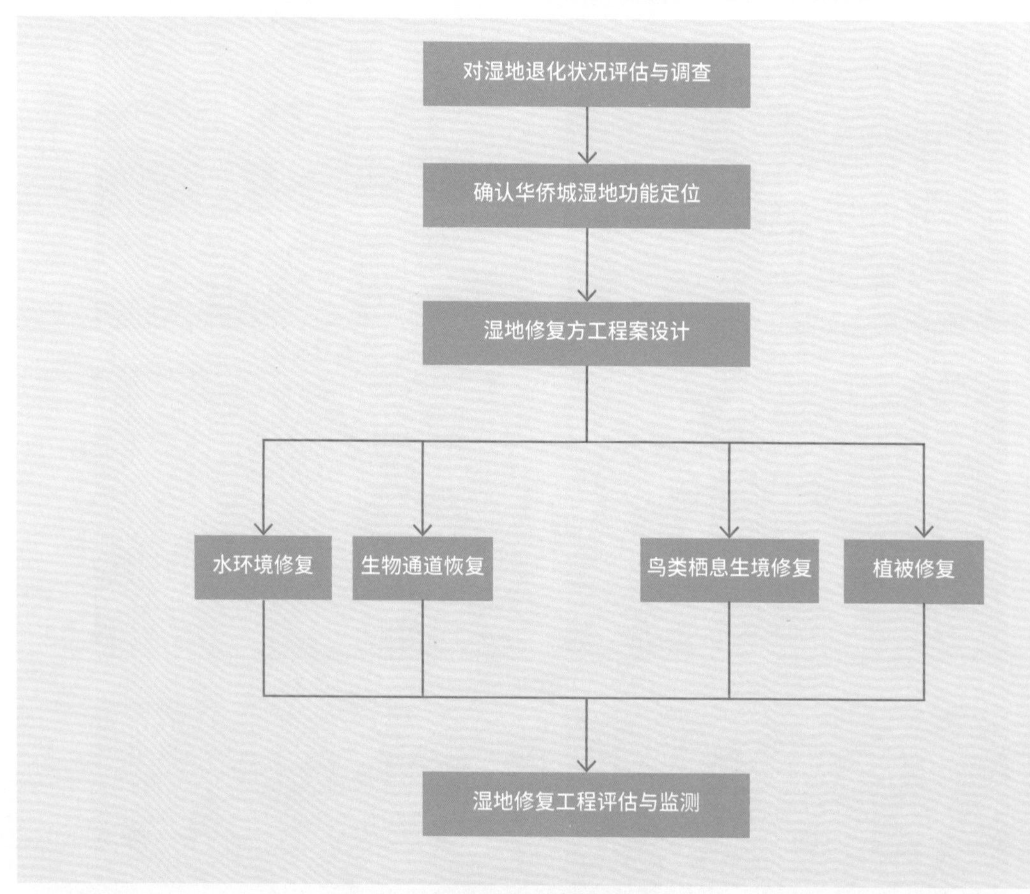

华侨城湿地修复示意图

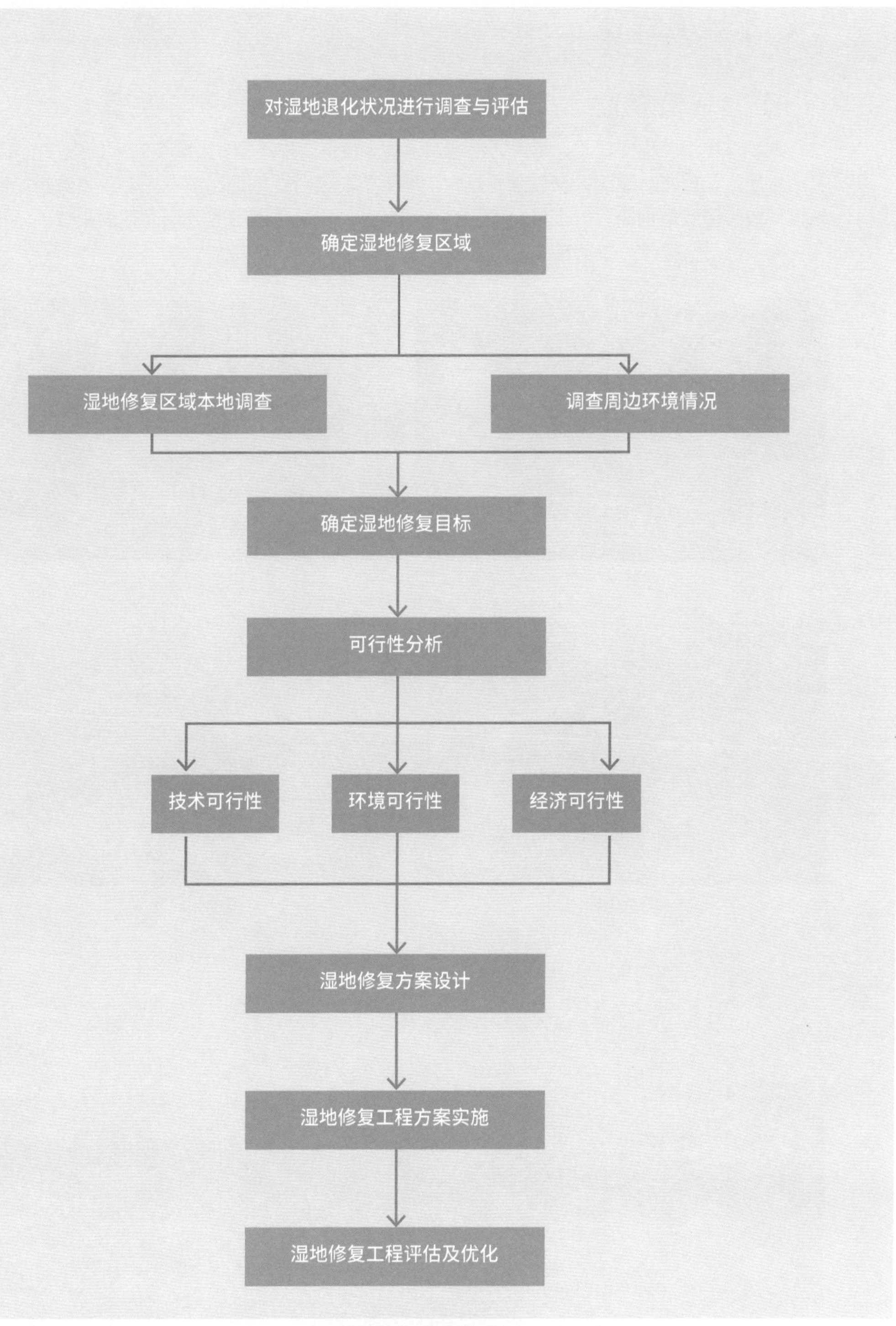
对湿地退化状况进行调查与评估
确定湿地修复区域
湿地修复区域本地调查
调查周边环境情况
确定湿地修复目标
可行性分析
技术可行性
环境可行性
经济可行性
湿地修复方案设计
湿地修复工程方案实施
湿地修复工程评估及优化

湿地生态修复示意图

一、水环境修复

（一）水环境情况

深圳湾填海工程完成后，华侨城湿地与深圳湾水体交换不畅，形成了封闭的内湖区域。又因水质污染严重，缺乏人员管理，湿地功能退化。面对湿地退化情况，专业人员对华侨城湿地进行了实地调研，发现华侨城湿地淤积加速，陆地化问题导致潮间带面积缩小，水生生物资源日益萎缩，生态系统受损严重。

非法捕捞

非法占地

圈占水面

陆地化严重

欢乐海岸和华侨城湿地水系相通

（二）水生态修复措施

华侨城对湿地水环境现状采取针对性措施，设计实施修复方案，将湿地水环境与周边环境作为共同生态系统进行治理，通过截排污水、淤积清理、水体交换的手段，修复受损的生态系统。

对于水质污染，对华侨城湿地污水源排放点位进行确认，实施管网改造，在华侨城湿地沿岸设置排沟，将污水排入市政污水管道，清理错接乱排的情况，截断污染源。

通过清淤造滩改善并营造鸟类栖息环境，解决淤积、陆地化严重的问题。在此之前，需要确定湿地体面积，根据水位面积的需求进行淤积清理；考虑湿地功能需求，保留潮间带面积；保留华侨城湿地始红树林片区淤泥，增加华侨城湿地植物及生态环境的多样化；最终，清理的淤泥经过晾晒后改造形滩涂，为候鸟提供栖息和觅食环境。

此外，增加了与深圳湾的水体交换渠道，对华侨城湿地进行生态补水。在深圳湾确认取水点，搭建水管道、水泵等设备，通过水闸将深圳湾海水引入华侨城湿地，提高环境容量，修建搭接明渠，完成与深圳湾水体及水生生物的交换。

在水质得到改善后，通过水生动植物的配置，日趋改善并稳定了华侨城湿地的水生态。

截排污水

清理淤积

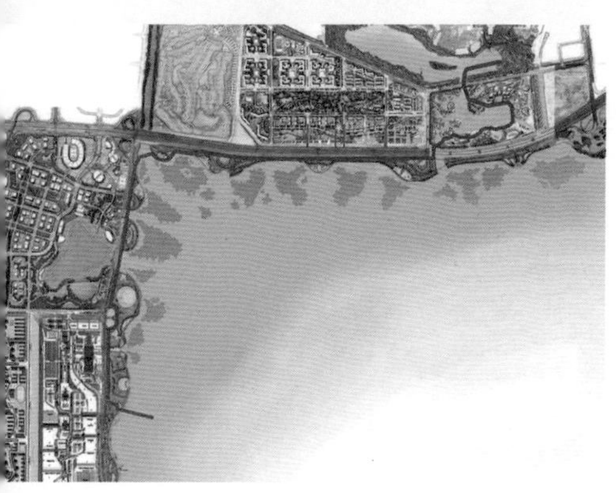

补水管道设计

完成修复后的华侨城湿地

二、植物修复

（一）植物情况

在华侨城湿地修复前，因入侵植物肆虐，影响本土植物生长，城市化发展导致潮间带面积减小，
地化日趋严重。这一现象导致红树群落繁殖能力降低，间接影响鸟类栖息环境，湿地生态系统变得愈
脆弱，本土植物群落逐渐减少，生物多样性及生态功能遭到破坏。

修复前的华侨城湿地

外来入侵植物——薇甘菊

外来入侵植物——银合欢

（二）植物修复措施

植物修复是对外来入侵植物进行清理的举措，是华侨城湿地生态系统稳定及生物多样性丰富的基础
由于外来入侵植物繁殖力强，定时进行清理以控制入侵植物的繁衍速度。

完成外来入侵植物清理后，在华侨城湿地原始红树林进行水渠修建，恢复红树林及本土植物生态
具体水渠修建根据华侨城湿地植物现状进行适当补植，保留恢复本土植物、增加植物面积、丰富植物
样性，以本土植物、多元化为主，尊重现状，优先选择防风、耐盐碱或蜜源植物，丰富节肢动物种类。

在植物分布上，营造多层次分布、结构稳定的植物组成，完善华侨城湿地的植物多样性化。通过植物群落的恢复，改善了水质及鸟类栖息环境。

清理完毕的红树林

清理外来入侵植物

植物补植

植物恢复

三、鸟类栖息环境修复

（一）鸟类栖息环境状况

华侨城湿地是深圳湾鸟类的栖息地之一。在修复以前，由于长期无人管理，华侨城湿地鸟类栖息环境逐年恶化。湿地的退化导致无法满足鸟类对食物的需求，不利于其觅食、栖息和繁殖活动。因此，鸟类多样性逐年降低。

（二）鸟类栖息环境修复技术

为保护鸟类多样性，针对华侨城湿地环境状况，湿地对园区逐步进行鸟类栖息环境修复，主要包括以下内容。

1. 增加植物多样性，合理配置植物分布

按照不同鸟类类群对栖息地的不同要求，华侨城湿地对植被配置进行了适宜性修复和优化：增加浆果、坚果和蜜源植物，补植多种食物植被；植物群落布局及疏密层次合理化，为鸟类营造了宜居环境，保证林鸟多样性的提升；根据游禽、涉禽、攀禽、陆禽、猛禽和鸣禽六大生态类群的栖息环境特点，合理配置相应栖息环境，通过提高栖息环境多样性，提高鸟类多样性。

植被修复具体措施如下：

①通过华侨城湿地沿岸植被科学配置，增加林鸟生态环境的多样性。主要增加植物种类为乔木，其中包括乌桕、黄樟、苦楝、秋枫、小叶榕、潺槁木姜子及朴树等；灌木，其中包括黄槐、山柑藤、龙船花、簕杜鹃及朱槿等，以此形成乔、灌、草相结合的复杂、有层次、多样性的生态环境。

苦楝　朴树　簕杜鹃　龙船花　朱槿

②增加浆果类植物、坚果类植物、显花植物，以吸引食果鸟类、访花鸟类及食虫鸟类。配置樟树、构树等种群，可以为红胸啄花鸟、暗绿绣眼鸟、橙腹叶鹎、红耳鹎、黄眉姬鹟、乌鸫、黄眉柳莺、珠颈斑鸠、红嘴蓝鹊、丝光椋鸟、鹊鸲、长尾缝叶莺、八哥等 30 余种林鸟提供食物，从而吸引更多鸟类，增加鸟类种群的多样性。另外，合理配置苦楝树，吸引普通鵟、鹗、黑翅鸢、白颈鸦、喜鹊、八哥、黑领椋鸟、丝光椋鸟、灰椋鸟等鸟类停歇，也可为白头鹎、红耳鹎、白喉红臀鹎等鸟类提供浆果食物。

红耳鹎吸食花蜜

水茄

③在湿地靠近水边区域增加小范围挺水植物，如芦苇、香蒲、风车草等，既可以丰富夏季景观，又方便小䴙䴘、黑水鸡建造浮巢，又不影响冬季水鸟居留。

睡莲

香蒲

④其他设施如湖内竹竿、木桩等，主要是为鸬鹚、白胸翡翠、普通翠鸟等鸟类提供觅食和栖息的场所。

鸬鹚与木桩

蜻蜓与竹竿

池鹭与浮床

2. 营造鸟类栖息生态环境

滩涂营造：长距离迁徙的鸻鹬类，适宜栖息于大面积季节性裸滩（平时为浅水区域，栖息期为裸滩，具有一定盐度适于鸻鹬类食源生长的盐沼湿地）。雁鸭类适宜的生态环境为常年有水且有茂密植被的复杂的水域。底栖动物会为水鸟提供充足的食物，而滩涂中底栖动物的密度最高。

从华侨城湿地涉禽的历史资料、分布区的水深、裸地情况及深圳湾涉禽种类来看，不同水鸟对栖息环境的偏好不同，可以通过不同材质、不同深浅的滩涂营造，给鹭科鸟类、鸻鹬类等涉禽提供更多栖息和觅食场所。

华侨城湿地东区裸滩

华侨城湿地西区“品”字形人工裸滩

华侨城湿地鹭岛人工裸滩

湿地水位调控：可以通过调节水位来模拟海水潮汐变化，营造人工潮间带，增加滩涂面积的变化，为鸟类觅食和活动提供空间。

四、生物廊道修复

(一)生物廊道

自然界中各个物种间、生物与周围环境之间都存在着十分密切的联系，要拯救珍稀濒危物种，不仅要对所涉及物种的野生种群进行保护，还要保护好它们的生态环境。建立生物廊道是解决当前人类剧烈活动所造成的生境破碎化及随之而来的众多环境问题的重要措施。

所谓生物廊道，是指有一定宽度、免除人类活动影响、供生物迁徙穿越的通道。华侨城湿地生物廊道的建设，可分为水中生物通道和空中生物通道。

生物廊道示意图

(二)生物廊道恢复技术

要在破碎化的生态环境中构建生物廊道，首先要弄清动物的行为规律，调查生物廊道周围基质的土地利用方式，然后根据廊道所连接的生境斑块的位置来最终确定生物廊道的位置及结构形式。

1. 调查分析动物行为规律

深圳湾候鸟以水鸟为主，其中鸻鹬类、鸥类、鸭类和鸬鹚的数目最多。根据鸻形目鸟类的食性分析来看，取食的主要动物性食物大多以小型的腹足类、瓣鳃类、甲壳类和环节动物为主。

华侨城湿地作为深圳湾的一部分，是深圳湾鸟类栖息地一处破碎化的生境，可以通过水生生物通道的连接，加强湿地内湖与深圳湾底栖生物交换，为华侨城湿地的鸟类提供良好的栖息与觅食环境，促进湿地内生态系统的物质循环与能量流动，从而达到恢复原有生态环境的效果。

2. 探究生物廊道的结构形式

华侨城湿地与深圳湾的生物廊道可分为水生生物通道和空中鸟类飞行通道。

水生生物通道：华侨城湿地选择小沙河入海口段作为水生生物通道，在进行深圳湾填海工程时就已建好，但堵塞较为严重，令湿地水体与深圳湾海水的交换不充分，迎海面闸门遭到严重腐蚀，不能使用。为保证水生生物通道的正常使用，湿地将白石路与滨海大道间的一段通道改建为小沙河明渠，扩大小沙河明渠进入华侨城湿地断面，扩大生物交流断面。

华侨城湿地水生生物通道

空中鸟类飞行通道：为保证华侨城湿地鸟类空中飞行的安全，湿地分别在深湾五路、欢乐海岸与滨海医院交界带构建高大乔木林带，宽度达30~50米，林高大于20米。同时，将南区欢乐海岸作为通道使用，建设期严格控制标高，维持鸟类迁徙路线的畅通。

3. 确定湿地生物通道位置

深圳湾填海工程当初预留的跨白石路和滨河大道的箱涵，为深圳湾与华侨城湿地的连通提供了基础条件。华侨城湿地工程建设时期，在白石桥处修建生态围堰以保证湿地与深圳湾的正常水交换。华侨城湿地水生生物通道通过对箱涵进行优化提升，改在华侨城湿地东侧小沙河入海口等地段建立，构建起深圳湾与华侨城湿地潮起潮落的生物通道，更利于生物迁徙，改善生态环境。

另外，为避开高楼及工程建设区，保证鸟类飞行的安全性，分别在深湾五路、欢乐海岸与滨海医院交界带，构建空中鸟类飞行通道。

深圳湾—华侨城湿地生物廊道示意图

第二节　维护自然

与自然是生命共同体，人类必须尊重自然、顺应自然、保护自然。

——中国共产党第十九次全国代表大会中的讲话

华侨城湿地运营期间对整体生态环境维护实行科学化、精细化管理：开展多方位生境监测，以便及时、确、全面地反映湿地生态环境现状及发展趋势，为生境管理、规划提供依据；同时，采取一系列生态造措施，结合专家意见升级生境管理模式，借助志愿者力量以生境管理为基础指导，组建生境活动志者团队，更好地维护改善湿地的生境状况。

<table>
<tr><td>月份</td><td>1月</td><td>2月</td><td>3月</td><td>4月</td><td>5月</td><td>6月</td><td>7月</td><td>8月</td><td>9月</td><td>10月</td><td>11月</td><td>12月</td></tr>
<tr><td rowspan="2">生物活动情况</td><td colspan="4">候鸟季</td><td colspan="6">非候鸟季</td><td colspan="2">候鸟季</td></tr>
<tr><td colspan="2"></td><td colspan="4">鸟类等动物繁殖期</td><td colspan="6"></td></tr>
<tr><td>植物生长状况</td><td colspan="2"></td><td colspan="2">植物生长复苏</td><td colspan="3">植物生长增速</td><td colspan="3"></td><td colspan="2">植物生长减缓</td></tr>
<tr><td>生境工作安排</td><td colspan="2">避免水域大型作业，重点营造陆域小生境、及时维护水鸟栖息地</td><td colspan="2">避免陆域大型作业，以预防性控制入侵植物为主，植被管理频次增加</td><td colspan="3">重点控制爬藤类入侵植物，避免成灾；逐步开展水域管理工作；维护原生红树林区域</td><td colspan="3">维持陆生植被管理，重点开展水域生境管理工作，清理滩涂杂草及滩涂改造</td><td colspan="2">避免水域大型作业，重点营造陆域小生境，降低植被管理频次</td></tr>
</table>

华侨城湿地管理示意图

一、生态监测

在经过一系列生态修复工程后，华侨城湿地的水环境、土壤环境、生物环境等均处于不断变化的状之中。对此，华侨城湿地开展多方位的生态监测，其监测类型具体分为 5 种。

（一）水质监测

为保护南北湖内水体的生态环境，华侨城湿地加强了对水体环境质量的监测和管理。通过这一举措，掌握华侨城湿地内的水文、水质的动态变化情况，为水环境的保护提供科学依据。

华侨城湿地的水质监测可分为日常监测和定期监测。日常监测是指在湿地日常巡查过程当中，对部区域的水质基本指标进行初步监测。定期监测是指每月农历初十前后，由有资质的水质检测机构对南湖及深圳湾取水点的具有代表性的水质指标进行专业分析。根据华侨城湿地的地形特点，已选择轻纱纬、鹭岛、白石桥、船坞、岗亭、深圳湾 F1 泵站、2# 箱涵等地作为水质监测采样点位，对监测点的质情况进行监测。

在每月定期检测采样结束的第 10 个工作日后，需由检测机构提供水质检测报告，由公司领导带领相部门共同对当月的水质情况进行分析，并对产生的问题进行讨论，提出可行的改进措施和建议。

检 测 结 果

项目名称　深圳市华侨城南北湖水质检测（样表）

项目地址　深圳欢乐海岸南北湖

检测单位　中国科学院华南植物园

检测结果

样品信息	样品名称	检测点位置及编号	采样方法	样品状态
	海水	南湖：深圳湾：F1泵站	瞬时	采样瓶
检测信息	检测类别	委托检测		
	检测结果	见下表		
	检测方法	见下表		
	采样日期	2020.03.26		
	检测日期	2020.03.26- 2020.04.09		

深圳湾F1泵站					
	pH		7.74	无量纲	第三、四类
	溶解氧		7.38	mg/L	第一类
	无机氮	硝酸盐氮	0.456	mg/L	第三类
		亚硝酸盐氮	0.520	mg/L	
		氨	0.530	mg/L	
	粪大肠菌群		5.5×10^3	个/L	第四类
	无机磷		0.041	mg/L	第四类
	盐度		20.84	‰	\
	化学需氧量		5.78	mg/L	第三类
	五日生化需氧量		2.03	mg/L	第二类

2020年3月华侨城欢乐海岸南北湖水质小结：

天气状况：

采样期间（3月19日至3月25日）深圳南山区天气多云转小雨，最低温20°C，最高温28°C，昼夜最大温差7°C，采样当天阴转多云。

水样检测结论：

1. 湖中心、曲水湾pH为一、二类水质，其余为三、四类。
2. 正磷酸盐的浓度已经明显回落，且是三月以来新低，F1泵站比湖内的浓度低。
3. 南北湖盐度与深圳湾维持稳定。

总结与建议：

1. 无机氮回升，正磷酸盐下降，南北湖内氮磷浓度均高于深圳湾，可能与藻类解体有关。
2. COD总体的大幅上升可能是受赤潮的影响而导致湖内有机污染物积累。
3. 可继续保持水体流通，引入健康水体。

水质检测样表

水质监测采样调查现场

（二）鸟类监测

调查采用样带法，样带涵盖湿地内的所有生境类型，调查行走速度在 15~20 千米 / 小时。调查成员配备双筒望远镜和单筒望远镜各一台，并配有长焦镜头数码单反相机。随后，用双筒望远镜观看所看的鸟类，并拍摄照片，通过记录的体形特征、鸣声和飞行姿势等现场确定鸟种。同时，填写记录表，录鸟的种类、数量、活动状况等数据，从后往前飞的种类不计其数。

调查频次：候鸟季（1 月至次年 4 月）为每周 1 次；非候鸟季（5~10 月）为每月 1 次。

在每次调查之后，把数据整理存档，并统计分析多方向对比，记录新出现的鸟类，分析鸟类相对于期增减的趋势，采取相应的措施。

鸟类调查现场

华侨城国家湿地公园鸟类监测记录表（2021 年 01 月 03 日）

调查员：　　　　　天气：晴　　监测日期：2021.01.03　9:30~12:00　潮位：1.7~1.8m

干扰情况（生境变化）：东门有工人清理垃圾，惊飞鸟儿　生境类型：湿地、芦苇、乔木林

观测地点代码描述：1- 南岸东段；2- 南岸西段；3- 西区；4- 北岸；5- 东区；6- 鹭岛

物种编号	目	科	中文名	拉丁名	数量（只）	体况	行为	保护级别	微生境描述	观测地点（大区）	备注
87	雁形目	鸭科	赤颈鸭	*Mareca penelope*	19	正常	停栖	三有	湖中木桩上		
89	雁形目	鸭科	绿头鸭	*Anas platyrhynchos*	1	正常	觅食	三有	湖面		
92	雁形目	鸭科	琵嘴鸭	*Spatula clypeata*	22	正常	鸣唱	三有	乔木林		

华侨城湿地鸟类监测调查样表

（三）植物监测

华侨城湿地的植物监测主要是委托有资质的专业监测机构对湿地植物进行大调查，因变化趋势较平稳，一般以年为周期进行区域环境内植物物种统计调查。

同时，结合湿地工作人员对园区进行每日巡查工作，针对不同生境区域做日常监测，观察记录植物、昆虫、鸟类及水生生物等生境情况变化。还要补全生境监测空档期，加强生境监测频次，更加全面掌握湿地生态环境的细微变化，同时记录植物花果、鸟类、昆虫等生境资料，进一步丰富生境资料数据。

植物调查现场

华侨城湿地植物名录统计表																
序号	中文名	拉丁名	界	门	目	科	属	整株	果	花	叶	枝（根茎）	类型	花期	果期	备注
1	细叶结缕草	*Zoysia tenuifolia*	植物界	被子植物门	禾本目	禾本科	结缕草属	✓	✓	✓	✓	✓	草本			
2	弓果黍	*Cyrtococcum patens*	植物界	被子植物门	禾本目	禾本科	弓果黍属	✓	✓	✓	✓	✓	草本			
3	粉单竹	*Bambusa chungii*	植物界	被子植物门	禾本目	禾本科	簕竹属	✓	—	—	✓	—	禾本			

华侨城湿地植物名录样表

（四）底栖生物监测

为了熟悉华侨城湿地的水生生物情况，华侨城湿地根据专家对生境管理模式提出的建议，采取一系列科学的生态调查手段，实行 2 个月一次的底栖及节肢动物（以蜻蜓为主）的生境大调查。

<table>
<tr><th colspan="14">华侨城湿地底栖物种资源调查表</th></tr>
<tr><td>点位</td><td colspan="3">1</td><td colspan="3">2</td><td colspan="3">3</td><td colspan="4">4</td></tr>
<tr><td>坐标</td><td colspan="3">(22.526, 113.984)</td><td colspan="3">(22.528, 113.986)</td><td colspan="3">(22.531, 113.977)</td><td colspan="4">(22.528, 113.977)</td></tr>
<tr><td>调查人员</td><td colspan="13"></td></tr>
<tr><td>备注</td><td colspan="13"></td></tr>
<tr><td>调查时间</td><td colspan="13">2020.06.22 14:00</td></tr>
<tr><td rowspan="2">点位序号</td><td rowspan="2">物种</td><td rowspan="2">中文名</td><td rowspan="2">拉丁名</td><td rowspan="2">数量</td><td colspan="5">生境类型</td><td rowspan="2">水深（cm）</td><td rowspan="2">盐度</td><td rowspan="2">图片信息</td><td rowspan="2">备注</td></tr>
<tr><td>水域</td><td>滩池</td><td>水草丛</td><td>水域</td><td>浮床</td></tr>
<tr><td>2</td><td>虾</td><td></td><td></td><td></td><td>✓</td><td></td><td></td><td></td><td></td><td>91</td><td>10.3</td><td>1、2</td><td></td></tr>
<tr><td>3</td><td>水蛭</td><td></td><td></td><td></td><td>✓</td><td></td><td></td><td></td><td></td><td>91</td><td>10.3</td><td>3</td><td></td></tr>
</table>

华侨城湿地底栖物种资源调查样表

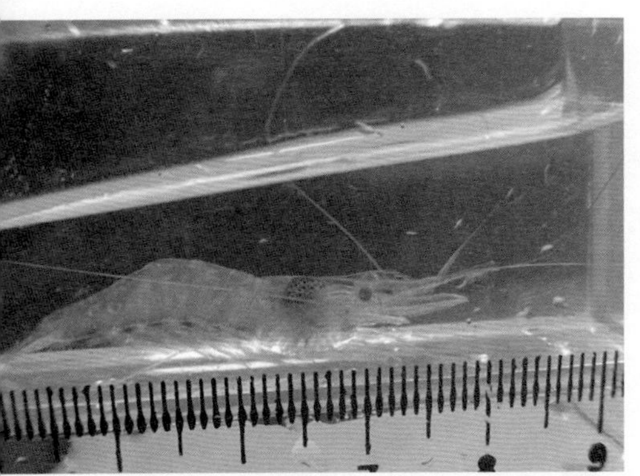

底栖生物采样

底栖动物 + 蜻蜓采集记录观测点位图

（五）专项监测

华侨城湿地在政府的支持下，对湿地实蝇、朱红毛斑蛾等外来昆虫进行连续调查和跟踪记录，结合生活规律，指导虫害防治，预防大面积危害。利用科学、专业的手段进行本底调查，以积累生境的生资源情况资料。

深圳前海海关林业昆虫监测

智能虫情测报灯

二、生境维护

湿地生境维护管理始终坚持站在生物的角度思考，尊重自然，顺应自然。华侨城湿地向自然学习，领悟自然运转规律，像对待生命一样对待生态环境。

同时，华侨城湿地在生境维护管理模式上结合湿地特点，以提升生物多样性为目标，结合顾问专意见，通过智能化、科学化管理，梳理本土资源，优化鸟类栖息地、营造多种栖息环境；维持生物自生长状态，营造自我循环的生态系统，丰富自然教育的生态课本。湿地的生境维护措施主要分为水体管理生境管理和科研合作三方面。

植物自由生长

保留落花落果

（一）水体管理

华侨城湿地作为一处由原始海岸线演变而来的内湖，水循环机制已失去原始海岸线自然循环的完性。湿地缺少自然潮汐的直接交换，在承受雨水、地表径流等淡水的进入时，易出现盐度降低、藻类发等情况。

对此，华侨城湿地根据每个月深圳湾的潮汐规律进行水交换，借助大潮的潮动力及水生生物的习性，维持湿地生态系统的基础循环。同时，依据深圳湾大潮变化来调控水位，结合候鸟（鸻鹬类水鸟）的活习性，在候鸟季降低水位，给候鸟提供更多的滩涂；非候鸟季升高水位，让水淹没滩涂，防治杂草生长维持滩地状态。

这一举措根据深圳湾潮涨潮落对鸟类栖息、迁徙的规律，科学安排湿地水面作业、滩涂维护、园养护等工作，通过加强水体管理，为鸟类提供适宜的觅食及栖息地，实现作为深圳湾高潮位鸟类栖息的生态价值。

此外，湿地通过箱涵补水、排水的换水方式进行南北湖与深圳湾的水体交换，增加湖内水生生物换频率。结果，湿地内水质得到良好改善，大部分指标稳定在三类以上，盐度在非雨季稳定于 13‰ 以上与深圳湾水体接近。

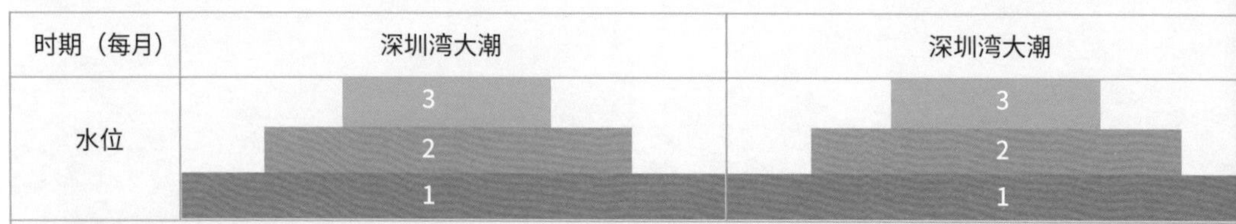

时期（每月）
深圳湾大潮
深圳湾大潮
水位
3
2
1
3
2
1
1- 保持低水位，以便工作人员开展滩涂除草、改造滩涂等维护工作；
2- 开始换水升高 / 降低水位，模拟天然潮汐；
3- 保持高水位、配合深圳湾涨大潮，实现作为鸟类高潮位栖息地的功能。

湿地水体管理示意图

(二) 生境管理

1. 滩涂维护管理

滩涂是水鸟栖息、觅食的重要区域，日常进行水位调节、除草等维护管理。结合湿地顾问专家意见，避开候鸟季时段，对滩涂进行改造调整试验。例如：对南岸滩涂进行改造，实行挖渠引水，增加鱼类游的通道，进一步丰富底栖生物环境，提高湿地生物多样性；对东滩涂进行改造试验，控制滩地标高，水在候鸟季可以稍稍没过滩涂，抑制杂草的生长，并对滩涂表面进行挖掘，处理得凹凸不平、边缘缓斜入水中，以此满足各种水鸟的需求。实行一系列手段后，水鸟数量和种类明显增多。

滩涂改造

结合湿地顾问专家意见，湿地对南岸恢复重建区悦鸟斋观鸟屋前滩涂进行改造，恢复鸟类栖息觅食原始滩涂，并实行挖渠引水，增加鱼类洄游的通道，进一步丰富底栖生物环境，提高湿地生物多样性。

2. 植被调整

以植物生态特性为基础，对植物进行仔细观察记录及细致的分类汇总。园区以本土优势植物为主，配鸟嗜植物和蜜源植物，吸引鸟类和昆虫，进一步丰富生物多样性；结合湿地地形合理配置植物群落，化湿地的环境；尽可能在发挥植物的生态价值的同时保证园林功能和观赏特性。

红耳鹎与大叶伞果实

噪鹃与木棉树

本土植物——荔枝

本土植物——杨桃

3. 外来入侵物种控制

外来入侵物种快速侵占湿地空间资源，影响本地物种的生存空间。湿地将根据物种调查及物种习性制定相对控制策略，每年平均完成 6 次大规模清理。具体措施需根据是否雨季，针对不同优势物种进控制，反复清理银合欢幼苗、南美蟛蜞菊、五爪金龙、薇甘菊等入侵植物，维持本地生物生存空间，加生物多样性。同时，也利用植物本身特性，对清理的入侵植物加以利用，进行堆肥、微栖息地营造等

控制外来入侵物种

4. 小微栖息地营造

华侨城湿地充分践行零废弃理念，做到绿化垃圾等自然物不外运，尽可能地让自然物在本地形成循环。同时，多方面利用枯木等自然物，制成堆肥区以及昆虫、两栖爬行动物偏好的栖息环境，形成客可直接体验、理解湿地理念的区域，丰富湿地的栖息环境类型，提升访客的体验度。

昆虫微栖息地

枯枝落叶堆肥区

营造淡水试验栖息地

5. 原生红树林维护

原生红树林是这个城市发展的共同见证者，也是原始海岸线经历了多年变化后保留的珍贵资源。为更好地保护这片宝贵的原生红树林、维持其健康生长及防止原生红树林持续陆地化，湿地对周边沟渠行定期清理等恢复水环境通畅工作，同时控制陆生优势物种入侵。

控制原生红树林入侵植物蔓延

定期清理沟渠

原生红树林维护

清理外来入侵植物

6. 人工生态浮床打造

湿地是水陆交界的环境，华侨城湿地还尝试通过浮床丰富水岸栖息环境，利用植物吸附水中污染物，成水生生物生活的微循环；同时，利用自然材料竹子作为浮体，放置于湿地亲水栈道周边，净化水体，富生境类型。

竹筏浮床

竹筏浮床

（三）科研合作

华侨城湿地生境管理以提升生物多样性为目标，与政府、院校及其他社会资源搭接科研合作平台合作开展一系列辅助生境管理的监测及课题调查，以深化生境监测模式，优化湿地生境资源配置。这系列系统化的科学手段和精细化的生境管理方式，使湿地生态系统得以持续发展，丰富了生境类型，加了生物多样性，为各类生物营造了舒适的休憩场所。

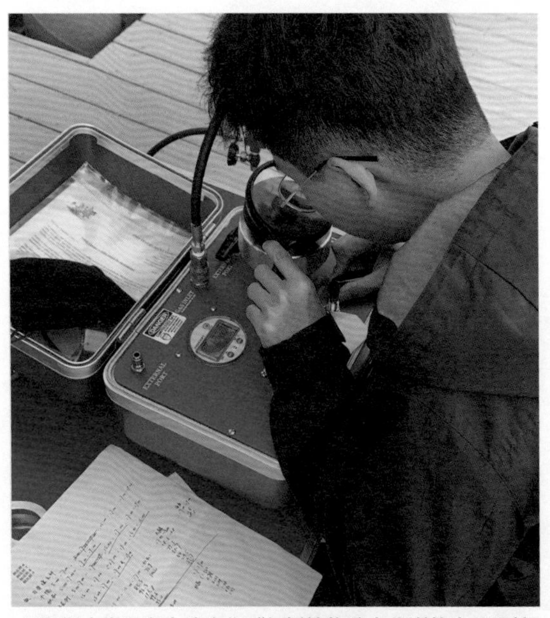

与深圳大学研究生院合作“红树植物碳水代谢的水分调控机理研究”课题研究

与南方科技大学合作“人工湿地净化水体试验”课题研究

与暨南大学旅游学院合作，对南岸保育区开展生境滩涂改造实验

第三章
走进自然

深圳湾畔的这片城央湿地，在华侨城集团专业运维团队多年的守护下，从修复到园区运营，始终以湿地的自然生态为素材，运维这不同常规的“一间教室”，让教学不再局限于一间小小的房屋，而是走进自然，将整个湿地都变为教学的场所。

华侨城湿地在保护生态的基础上，从预约入园到园区游览设置等多方位融合湿地元素及在地文化，探索建立人与自然的联结，用心用情地呵护着这片湿地，带领公众走进自然，共同守护自然。截至 2020 年底，华侨城湿地已接待访客近 40 万人次，希望通过有温度的服务，感染每一位访客，共同推进绿色生活方式的形成。

第一节 运营筹备

取之有度，用之有节，是生态文明的真谛。

——2019 年 4 月 28 日，习近平在 2019 年北京世界园艺博览会开幕式上的讲话

华侨城湿地在生态保护修复的基础上，在不影响湿地生态系统的范围内，适度规划了访客游览区域，设计、引导访客探索自然。在不影响生物的情况下，倾力打造公众体验湿地、亲近自然的平台。

为最大程度保护生态系统，华侨城湿地保留了原始海岸线原貌，因地制宜设置了亲水木栈道、观鸟屋、生态教育基地及湿地监测站等生态设施，将湿地原生态的环境资源转变成为集生态观光与环保教育功能于一体的“城央滨海生态博物馆”，积极提升公众环保意识，践行生态环保理念。

城央滨海湿地

一、运营模式

根据华侨城湿地地理位置和生态功能的特殊性，华侨城湿地紧紧围绕“人与自然和谐共生”这一主题，参照自然保护区的管理模式，主要采用半封闭、预约制管理，对公众实行“预约进入，免费开放”的运营方式

该运营方式将根据生态承载量，严格控制进入华侨城湿地的访客数量，避免对鸟类造成惊扰以及给环境带来压力，在引领公众亲近大自然的同时，重在保护生物的多样性。

湿地鸟群

（一）预约进入

华侨城湿地采用网上申请的预约方式，严格控制入园人数，并让访客在规定的范围内参观。这种方能有效控制单位时间内华侨城湿地的参观人数，对湿地起到直接的保护作用，同时通过引导访客对预模式的理解，增强人们的保护意识。

排队入园

（二）容量控制

旅游环境容量指一定时期和范围内，在不损害旅游目的地的自然人文环境、社会经济发展以及确保游者旅游感受质量的前提下，旅游地接待旅游人数的最大值。每一个旅游目的地对于旅游活动都有一的承载力，如果长期超载运行，必然会造成对旅游资源和环境的负面影响。

根据文化和旅游部对旅游环境容量的计算标准，鉴于华侨城湿地的景观布局特点，其有效可游览区为沿湿地周边的环道，因此可利用线路推算法对环境容量进行计算。结合华侨城湿地对鸟类栖息（非）鸟季的保护需要，确定进入华侨城湿地的访客数量每日不应超过 300~400 人，且只对湿地北岸线的范内进行开放。

在开放区域参观

二、设施配备

华侨城湿地以“低碳、自然、生态、简洁、朴实”的理念，在生态保护的前提下，尽可能减少园区建筑设置，保留深圳湾原始海岸线的原貌，修建参访步道，保留历史岗亭；结合访客亲近自然的需求，增加观鸟屋、休息处、解说牌等服务设施，修建华侨城湿地生态展厅，引导公众以不打扰的方式来体验自然，打造保护与教育相结合的访客体验。

华侨城湿地一角

（一）园区设施

1. 生态步道

华侨城湿地保留湿地原有的边防巡逻道，修建成访客参观的园道，宽 2.5 米左右，总长约 5 千米，选用环保材料——生态混凝土及生态透水砖，不但可以增加雨水的下透性、有效还水于土，还能促进土壤的自然水体循环，改善湿地植物的生长环境。

在基础的园道上，每隔约 800 米就修建一处 80~150 厘米宽的木栈道，均采用木质颜色的材料，不仅为访客提供了近距离地亲近水、观察水生生物的栈道，还增加了体验性及趣味性。

湿地园道

木栈道

2. 历史岗亭

华侨城湿地北岸共保留 3 座珍贵的历史建筑——原边防哨所岗亭。它们高为 5~7 米，墙体厚度约 55 厘米，为深圳湾边防部队守卫深圳湾边防线时建造的历史建筑，也是深圳湾发展变迁的历史见证者。其中西侧岗亭，为兼顾鸟类栖息环境及访客观鸟需求，把其改造为观鸟屋，成为湿地内一道特别的风景线。

20 世纪 40 年代的岗亭

20 世纪 50 年代的岗亭

原边防哨所岗亭

觅幽阁（改造后的观鸟屋）

3. 休憩配套

为方便访客能在不影响鸟类、不影响湿地生态系统的情况下观察、欣赏鸟类，感受自然的气息，华侨城湿地在滩涂及鹭岛附近修建了观鸟屋及观察区。

在清溪绿树的掩映中，每隔约 500 米处便设置一处休息处，在供访客休憩的同时，还可观赏湿地生态亲近自然。为引导访客体验湿地，华侨城湿地设计并制作了首批指示性解说牌，为搭建环境解说系统奠定基础。

观鸟屋

休息处

解说牌

4. 教育基地

华侨城湿地作为公众体验自然和践行生态环保的平台，还重点打造了生态教育基地，建设了如华侨城湿地自然教育之家、演播厅、生态展厅等教育场地，为公众提供了室内外结合的教育场所，为践行“可持续发展”理念添砖加瓦。

生态展厅

演播厅

自然教育之家

（二）初期宣传平台

2012 年初，临近湿地修复工作基本结束，华侨城湿地结合当时主流宣传平台，开通官方微博，工作员实时更新湿地生态、管理建设、环保活动、科研探究等方面的最新动态。2012 年 8 月 8 日，华侨城地官方微博账号正式发布“华侨城湿地公众体验日”开放信息，访客通过官方微博预约入园。

华侨城湿地微博二维码

华侨城湿地微博界面

第二节　运营管理

是两个人之间最短的距离。

——维克托·伯盖

华侨城湿地以独特的湿地生态景观和湿地文化为特色，集湿地保护与修复、湿地科研与宣教、湿地态体验为一体。此外，还通过用心用情的运营管理方式，将湿地“人文关怀、全园教育”等理念渗透园区各个角落。

华侨城湿地一直运用“智能化、科学化、精细化”的运营管理模式，将人员巡护与电子监察相结合，根据不同岗位的工作人员制定详细的工作流程，如排查安全隐患、保证设备正常运作、机动处理突发况、规范人员管理等，致力于提高管理效率，确保湿地品质。

一、园区管理

（一）功能分区

华侨城湿地根据国家湿地公园的管理办法，采取分区管理的方式，把园区划为 5 个功能区：湿地育区、恢复重建区、宣教展示区、合理利用区和管理服务区。根据各分区定位和功能进行分区管理，分访客导览路线。

湿地保育区：典型的湖泊、芦苇和红树等湖岸群落分布区，是众多水禽的主要栖息地和觅食地，有重要的保护价值。

恢复重建区：以自然恢复为主，辅以适当人工促进，构建良好的湿地景观和水禽栖息地。

宣教展示区：位于华侨城湿地北侧的沿岸地带，充分利用不同的湿地类型和湿地景观，向公众展湿地的生态功能、文化功能和体验功能。

合理利用区：以零废弃园区、部分农地和河滩荒地为主，打造湿地可持续利用的示范基地。

管理服务区：根据保护和管理的需要，配置相应的保护、管理设备，为大众提供优质高效的服务。

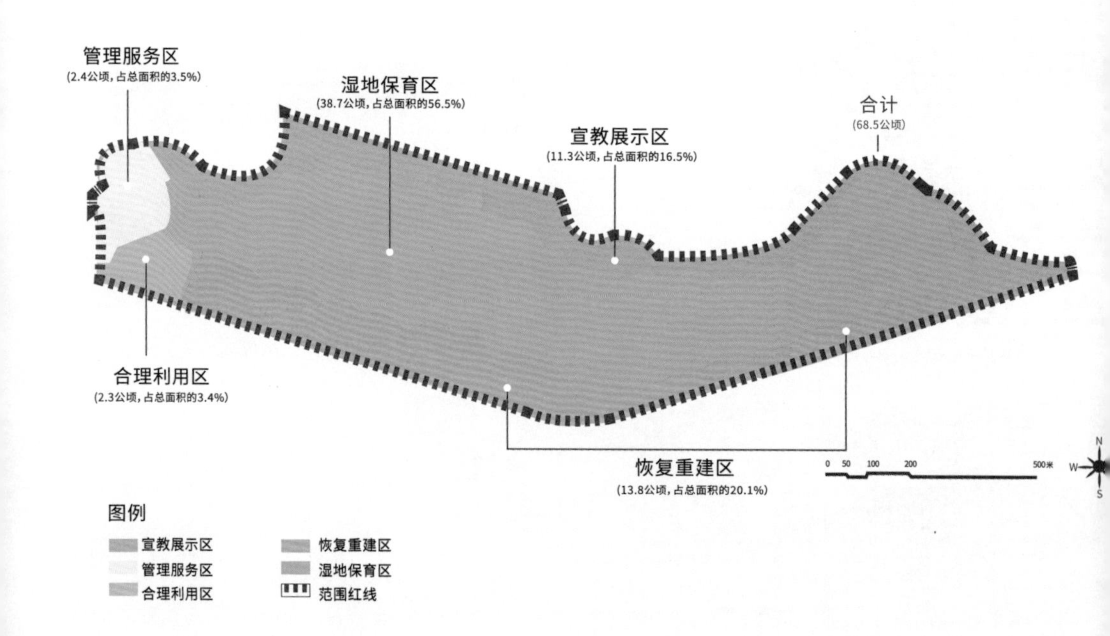

功能分区图

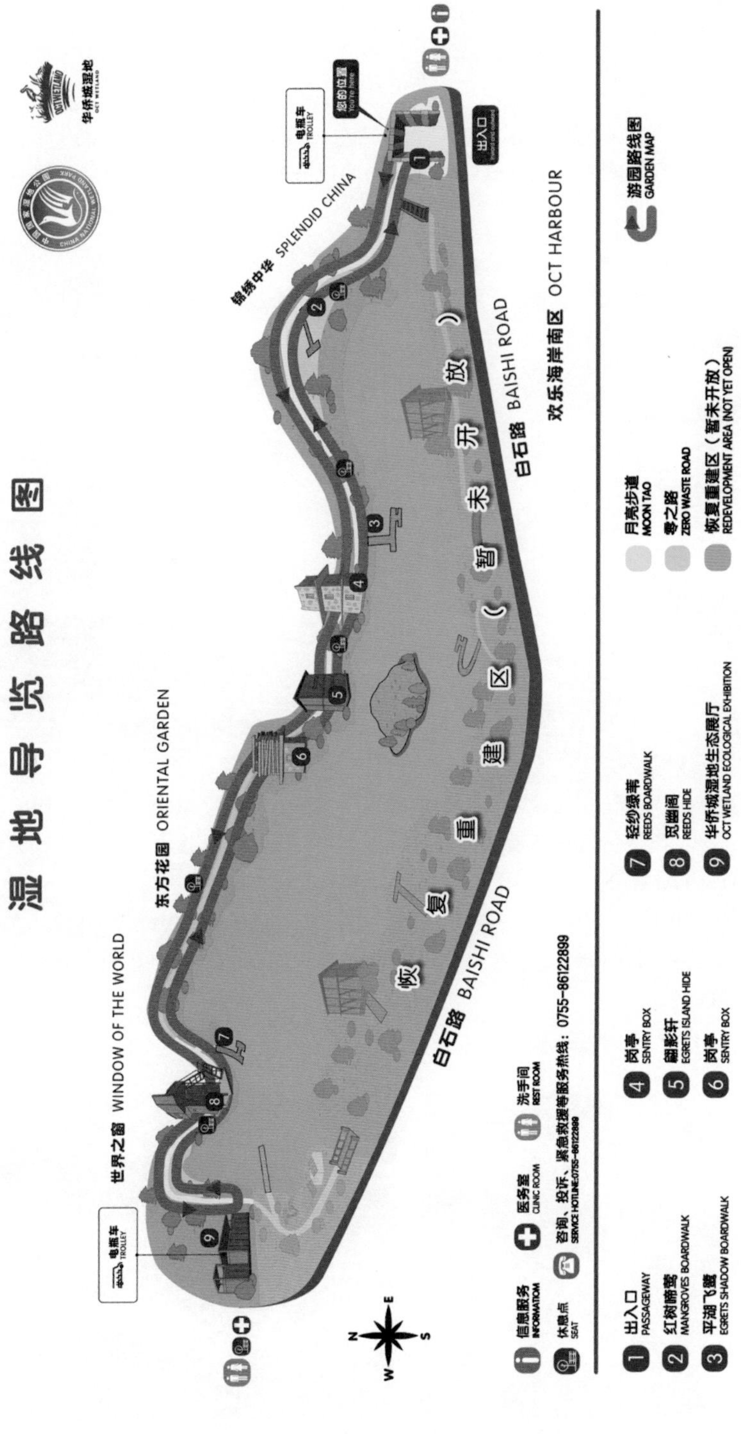

湿地导览路线图
华侨城湿地
OCT WETLAND
电瓶车 TROLLEY
世界之窗 WINDOW OF THE WORLD
东方花园 ORIENTAL GARDEN
锦绣中华 SPLENDID CHINA
您的位置 You're here
出入口
恢复重建区（暂未开放）
白石路 BAISHI ROAD
白石路 BAISHI ROAD
欢乐海岸南区 OCT HARBOUR
N
S
W
E
信息服务 INFORMATIOM
医务室 CLINIC ROOM
洗手间 REST ROOM
休息点 SEAT
咨询、投诉、紧急救援等服务热线：0755-86122899
SERVICE HOTLINE:0755-86122899
1 出入口 PASSAGEWAY
2 红树啼莺 MANGROVES BOARDWALK
3 平湖飞鹭 EGRETS SHADOW BOARDWALK
4 岗亭 SENTRY BOX
5 翩影轩 EGRETS ISLAND HIDE
6 岗亭 SENTRY BOX
7 轻纱绿苇 REEDS BOARDWALK
8 觅幽阁 REEDS HIDE
9 华侨城湿地生态展厅 OCT WETLAND ECOLOGICAL EXHIBITION
月亮步道 MOON TAO
零之路 ZERO WASTE ROAD
恢复重建区（暂未开放） REDEVELOPMENT AREA (NOT YET OPEN)
游园路线图 GARDEN MAP

导览路线图

（二）智慧运营

1. 预约平台

华侨城湿地自开园起，就在保护生态的基础上，通过预约制严格控制湿地的访客数量，保障生态质及保护。

随着科技的高速发展，为了更贴近访客使用习惯，提供更优质的访客体验。2013 年起，华侨城湿开发使用湿地官网，通过互联网平台实现预约功能，为用户提供便捷、直观的服务，同时增加华侨城地品牌形象展示。

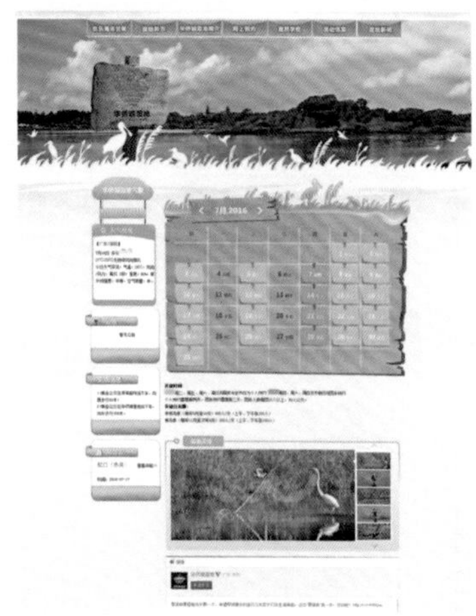

2013 年湿地预约官网

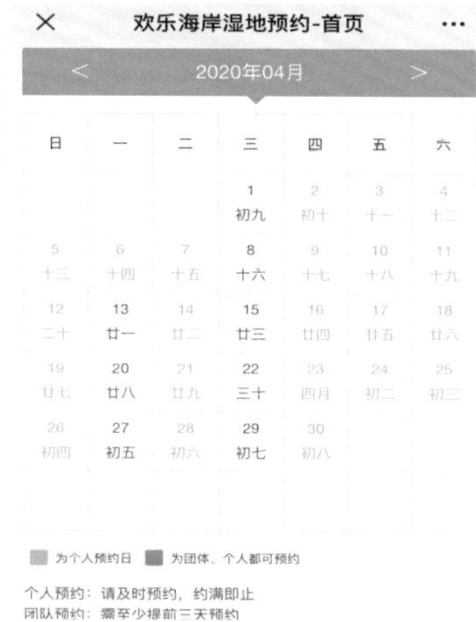

2017 年湿地预约 PC 端、手机端同步上线

华侨城湿地探索智慧园区管理方式，紧跟信息时代的发展，实现了线上预约、扫码入园、线上环解说等功能；通过安全、高效、生态的智慧园区管理理念，为园区访客提供更优质的服务体验，同时为园区管理提供高质量的运营能力。

2019 年，华侨城湿地启用官方微信公众号，重新梳理湿地官网展示架构，提升湿地宣传展示内容优化预约管理。在湿地正门入口处，增加 LED 屏幕实时展示园区信息，通过智能化闸机设备，简化访进出园信息核对等流程。

2020 年 4 月 28 日，华侨城湿地实现无接触智慧入园。

全新官网页面

访客自助扫码入园

2. 智能化信息平台

华侨城湿地结合多年监测运营资料，搭建湿地资源数据库，整合湿地生境资源、运营信息、湿地活等综合信息，提升和优化数据信息管理，将湿地资源库、湿地生态监测数据及湿地生境作可视化呈现，化、落实可视化信息平台展示与公众教育作结合。平台已分类录入超过800种物种信息及往年监测数据，步可视化系统落地，实现解说系统与线上资料拓展。

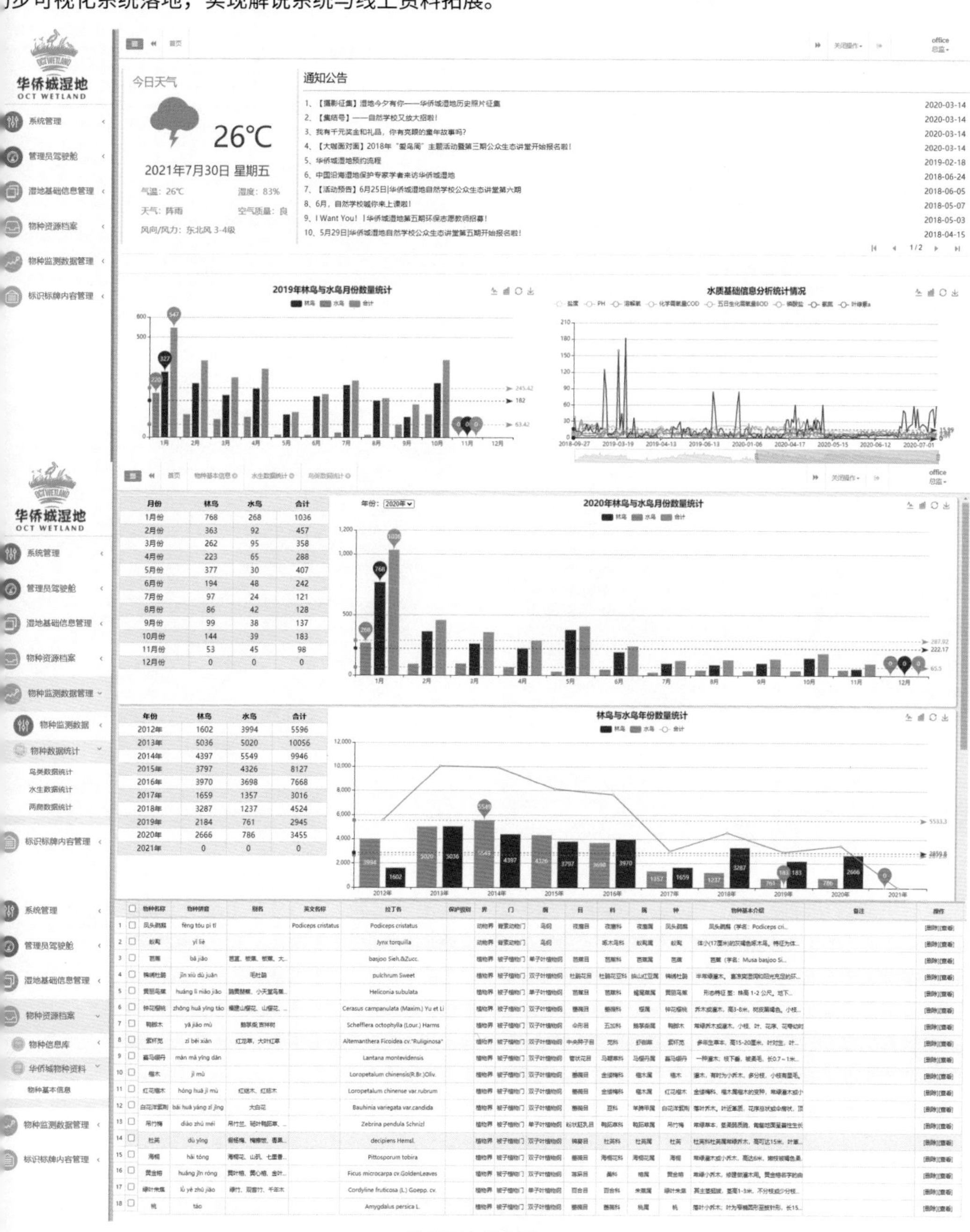

信息平台数据库

3. 园区巡查

华侨城湿地将人员巡护与智能巡查系统相结合，根据不同岗位，制定详细的园区巡查工作流程，
同参与园区巡查、消防培训，多维度相互支持，达到园区 360 度“无死角”，有效防止了“漏看”“
不清”“看不到”的现象发生。由此，不仅提升了运营效率，还保证了巡查质量，同时采用精细化管理，
把工作流程不断进行细化，规范窗帘高度、物品摆放、空调室温等管理细项。

岗位巡查

设备维保

卫生检查

安全提示

消防检查

办公室管理

此外，推行“全园教育”，共同传播湿地教育理念。园区设立温馨提示、洗手间文化，对湿地全
（生境维护人员、运营人员、教育人员、物业人员志愿者、清洁绿化外包单位人员）进行湿地生态环
理念、园区导赏等培训，共同掌握全园生态知识。以此为基础，湿地全员在园区以身作则，身着自然
衣服，轻声徐行，行驶电瓶车不鸣笛等，以此引导访客共同维护湿地。

温馨提示

技能培训

为进一步高效便捷开展巡查工作，湿地在园区布设了监控摄像头，并根据实际需求增设监控设备。时，给工作人员配备了巡查采集设备，达到及时发现、反馈和解决问题的目的。

由于湿地环境的特殊性，存在部分工作人员不便到达的区域，借助无人机协助巡查提高工作效率，可从多角度巡视，尽可能避免疏漏。同时无人机巡查需注意时间的选择，减少对鸟类影响。

监控系统

对讲设备

无人机巡查

二、解说服务

（一）人员解说

人员解说分为两种，即定点服务和线路讲解。讲解人员在规定地点进行讲解，或从正门带领访客沿岸线路游览。导览路线为红树啼莺—平湖飞鹭—翩影轩—哨所岗亭—生态展厅，为到访的公众提供基础园区介绍、安全提示及道路指引等服务，让访客在参观时能更多地了解湿地文化、向自然学习。

定点服务

线路讲解

（二）非人员解说

1. 环境解说系统

信息的传播需要媒介，在日常运营中，华侨城湿地以场域资源、教育活动、公益品牌、线上平台为媒介，开展互动式、多元化的生态环保讯息传播，向公众传递生态文明理念。本部分将会对以场域源等为媒介的运营传播进行介绍。

自 2012 年开始，华侨城湿地在园区中设置管理性解说牌和解说性解说牌，这就是最初期的华侨湿地环境解说系统。

管理性解说牌指满足湿地各项管理诉求的解说牌，包含标志性解说牌和指示性解说牌。标志性解牌可以辅助湿地进行日常管理，如公告相关制度、规范访客行为。指示性解说牌可以为访客进行必要交通、后勤、宣教活动等服务信息和引导。

标志性解说牌

指示性解说牌

解说性解说牌指基于湿地宣教主题设计，根据参访对象、参访目标、参访时间、当地环境等因素有针对性设计的用于解说和宣传湿地知识、湿地资源、湿地保护与恢复、湿地建设与管理、湿地文化内容的标识标牌，体现本场域内宣传专业水平。这些解说性解说牌使“小路”变成了“教室”，根据客身高设计不同高度的解说牌，覆盖更多年龄受众。

正如现代解说之父佛里曼·提尔顿（Freeman Tilden）所说，解说并不是陈述知识性事实，或列事物的名称而已，而是去揭示万物的灵魂——那些隐藏在事物背后的哲理。在华侨城湿地，为了让访能够以自然场域为教室，主动地进行环境探索以及接收解说讯息，环境解说系统逐渐形成。

解说性解说牌

2017 年，华侨城湿地增加了五感引导、拓印互动、观鸟记录互动解说牌，解说系统开始丰富起来。

2020 年，华侨城湿地新增了互动体验、自然故事与在地文化解说设施。至此，华侨城湿地的环境解系统已达到成熟、完整的程度。新增的解说牌可以引导访客通过视觉、听觉、触觉感受自然，与自然互动、游戏，以自主探索得出答案的模式代替平铺直叙的文字。视觉引导装置结合湿地的实景及放置的模型，导访客进行观察，通过自己的探索，了解湿地动植物的特点及生存环境等；听觉引导装置引导访客打听觉，聆听湿地中的各种声音；触觉引导装置引导访客触摸湿地中不同的植物。

看

听

摸

比一比

环境解说系统就像是一本可以看、听、闻、摸的可互动的“立体教科书”。即使没有人员带领，访也可以通过解说牌的引导，自发观察自然、感悟自然，领悟华侨城湿地自然学校的教育理念。

在整个制作过程中，解说系统也延续了“零废弃”的设计理念，整个园区的科普小径、栅栏、树牌、行车棚等，都是由重新利用的木墩、木头及树皮、树枝等材料制作而成，让有机材料与湿地的环境融一体。

环境解说系统对该场域内的理念、科普的传播发挥着重要的作用，访客通过自行阅读解说系统，能获取这里的历史、基本概况及教育理念等信息。环境解说系统的建设，减少了走马观花式的游览方式，引导、启发公众获得知性与感性兼具的游憩体验，对周遭的环境更为了解，愿意对环境做出负责任的为。

红树小径

2. 全国首条情意感官步道“月亮步道”

在中国“道法自然、天人合一、万物平等”思想和理念指导下，华侨城湿地建设了全国首条情意官步道“月亮步道”。它是一条按照“情意自然”体系所设计的滨海徒步小道，全长 1 千米，分为东两段，东段位于 9 号到 27 号灯柱间，西端位于 66 号到 58 号灯柱间。它保留其原有的自然属性，通设计与解说牌指引，结合系统体验课程的设计，调动人们的十二感官与自己、自然、他人、童年有更的连接，发展终生受用的品格。

五行	五德	品格	五脏	季节	情绪	五色	五官	五味	方位
金	义	担当	肺	秋	悲	白	鼻	辛	西
木	仁	仁爱	肝	春	怒	青	眼	酸	北
水	智	觉知	肾	冬	恐	黑	耳	咸	东
火	礼	敬畏	心	夏	喜	红	舌	苦	南
土	信	信任	脾	仲夏	思	黄	口	甘	中

五行表格

月亮步道（东段）

3. 自然研习径

随着智慧湿地的不断搭建、发展，华侨城湿地结合场域资源，以更高科技的方式为公众提供更为直观、捷、准确的讯息传达。

由此，华侨城湿地推出自然研习径项目，撰写“述说”湿地故事的书籍——《解说我们的湿地——侨城湿地自然研习径解说课程》。它讲述了华侨城湿地的故事，展现自然研习径环境解说课程，从不的角度，结合自然教育、自然观察，引导读者从不同层次感受和体验湿地的生态。

除了以图文方式“述说”湿地的故事，公众还可以通过进入“华侨城湿地自然研习径环境解说系统”信小程序，进行线上、线下双线游览。从微信小程序中，可以从湿地正门出发，游览沿途 20 个精心设的研习知识点位，通过定位讲解、拍照识别、视频欣赏等功能，打破园区游览的时间、空间等壁垒，时效性、互动性更强的方式领略华侨城湿地公园的生态之美。

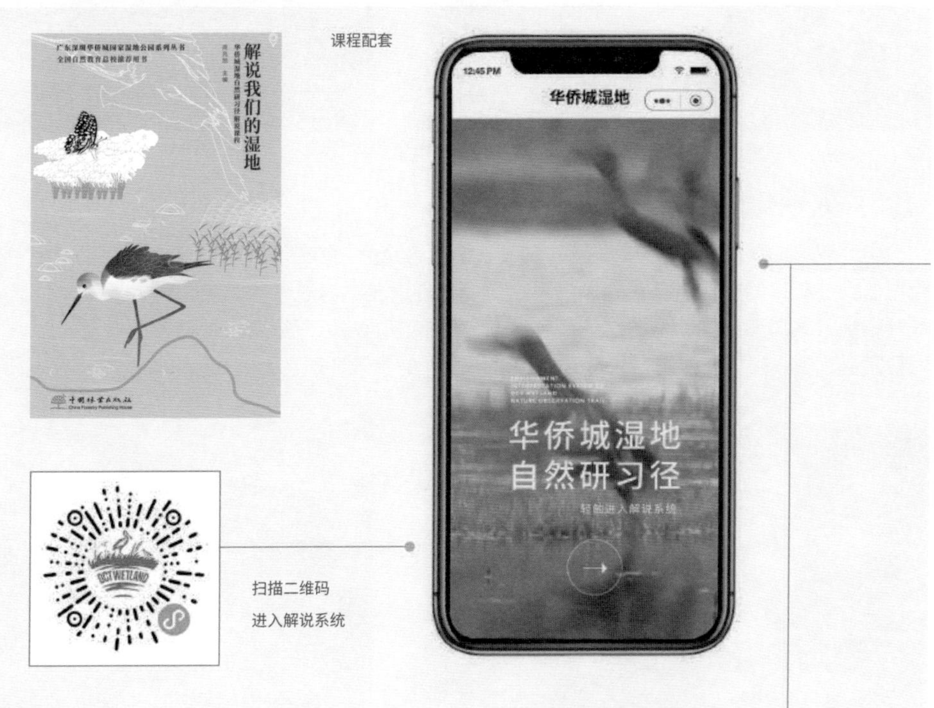

华侨城湿地自然
研习径环境解说系统

扫描二维码进入“华侨城湿地自然研习径环境解说系统”小程序，这里有 12 篇湿地自然研习径环境解说课程，与本书的第二部分课程相对应。从东大门出发，沿途你将经过 12 个精心设置的研习知识点位，通过定位讲解、拍照识别、视频欣赏等功能，带你一同领略华侨城湿地公园的生态之美。

线上解说系统

（三）配套服务

华侨城湿地园区配套服务以“绿色、低碳、环保”为主，包括车辆租赁、空气制水机的配套服务。园区处处体现“零废弃”“无痕湿地”等理念，于 2015 年撤除园区垃圾桶，于正门及生态展厅处设置分类垃圾桶，在不影响湿地生态系统的前提下，渗透管理理念，引导公众践行绿色生活方式。

车辆租赁

（四）人性化服务

华侨城湿地致力于打造一个温馨、有爱、贴心的绿色“家园”，在 2020 年启动了“微笑服务年”活动，梳理总结 8 年来的运营服务经验，通过从湿地工作人员、志愿者到清洁、园林外包单位工作人员的服务提升培训，共同形成主动与访客有眼神交流、微笑与问候，营造有湿地特色的文化氛围；把人文关怀融入日常巡查工作当中，为访客营造一个有“温度”的参观环境。

微笑服务

华侨城湿地注重原生态的自然环境，同时为公众提供有更加丰富的体验，倡导人与自然和谐共生。在保护生态的基础之上，华侨城湿地在服务过程中充分关注每一位访客的需求，如在观鸟屏障处，设置高低观景框供不同年龄段人群使用；在恶劣天气时，为访客提供雨伞及免费接送出园等人性化服务。

雨伞服务

观鸟屏障

三、宣传体系

在新时代背景下，网络传播是一种更开放、更高效、更个性化的信息交流形式。华侨城湿地一直在探索更多维度的有效宣传推广，逐步搭建线上宣传运营体系。2011 年，华侨城湿地初步创建微博平台账户，打开了线上平台宣传的大门；2013 年，创建湿地官网；2015 年，开始借助深圳市华基金生态环保基金会微信公众号平台发布活动宣传等推文；2019 年，正式建立华侨城湿地微信公众号；2020 年，湿地新官网上线，至此湿地线上宣传体系趋于成熟。

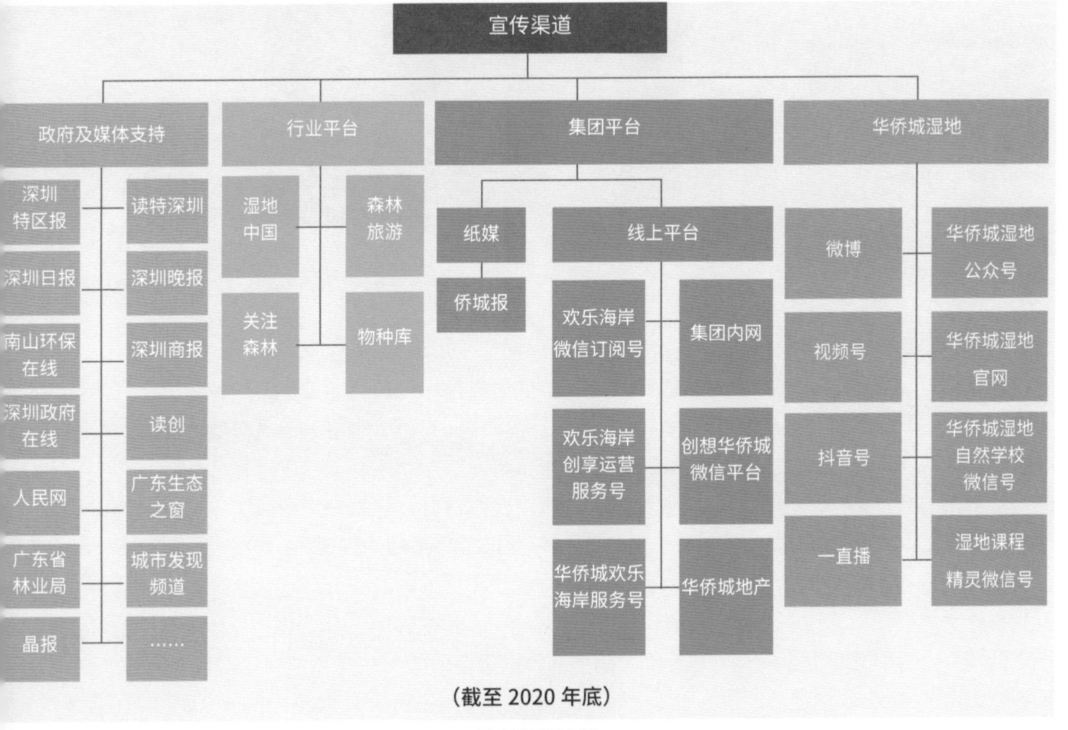

线上宣传体系

（一）自创宣传平台

1. 优质的宣传栏目与内容

为了能够更好地达到宣传的目的，优质的宣传内容必不可少。成体系的宣传栏目包含稳定频率和固定主题，能给受众带来记忆点和关注重点，也便于公众及时寻找该宣传内容。

根据华侨城湿地的场域特色、人文精神、教育活动等，湿地从不同角度整理出不同的宣传内容，如宣传环保志愿教师时，采用访谈的方式拟写成文，推送到线上平台，来传播环保志愿教师队伍的理念与精神。对于华侨城湿地丰厚的自然资源，撰写科普小文推送到线上平台，介绍湿地里的物种、气象等。

对于宣传内容的形式，不仅可以选择图文，也可以结合海报、视频、H5、直播互动等多种形式。《湿地小精彩》是以视频方式记录湿地的不同生物动态，向公众展示湿地物种多样性。

截至 2021 年 7 月，华侨城湿地已创建超过 10 个宣传栏目，优质宣传内容覆盖全园。同时，也紧跟当下热点，创新宣传内容和形式。

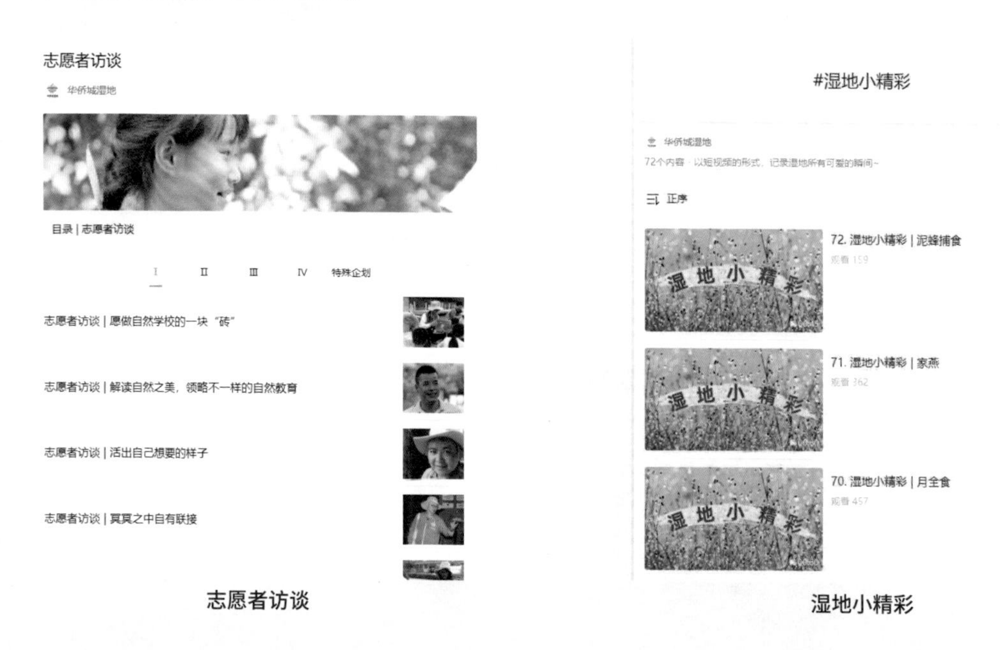

志愿者访谈　　　　湿地小精彩

2. 多渠道的平台推广

为达到广泛影响受众的目的，将优质内容在多个平台推送，目前湿地已创建多个线上宣传平台的自主宣传账户，主要为微信公众号、微博以及湿地官方网站等。同时，拓展至微信视频号、哔哩哔哩、抖音一直播等视频平台。

不同的宣传平台承接湿地的不同宣传需求。打个比方，微博作为一个巨大浏览量的自媒体平台，是一个开放社区，具有互动性。因此，短文类、图像类、短视频类的宣传内容更多地在微博平台上进行推送

微信公众号的信息内容接收需要公众关注该账号，或是由朋友推荐该文章，受众才能够看到，也就是说查看微信公众号宣传内容的人，本身就可能对湿地有一定的关注，因此，更加具体的新闻稿（活动回顾培训回顾类）、科普小文这一类的稿件推文则更多地推送至微信公众号。

在有一定的宣传内容和形式后，湿地开始进行有规律的宣传。团队确认主要宣传栏目及其主题内容，保栏目的独特性和必要性后，每周进行宣传排期，在固定的时间发布，形成公众的关注习惯。例如，每周一固定时间点进行当周教育活动的招募，感兴趣的公众会定时关注，增加粉丝量。

2020 年疫情期间，为配合防疫，在闭园期间，华侨城湿地推出《云游湿地——小侨带你探湿地》系线上视频课程，以小侨的视角游览、介绍湿地；同年，使用直播平台，扩大讲座的受众范围，使得因人流管控而无法来到现场的公众也可以在线上平台接收相关宣传内容。

云游湿地——小侨带你探湿地》系列线上视频课程

直播平台

（二）华侨城辐射效应

除了不断开拓自创宣传平台外，华侨城湿地还紧密联系华侨城集团及公司内部，进行多维度辐射宣传。

在华侨城集团、都市娱乐公司的支持和帮助下，华侨城湿地扩展集团内部宣传渠道，投稿至集团、司的微信公众号进行相关推文推送、平台互动等，增长彼此的关注量与阅读量。

OCT华侨城

4月2日 14:16 来自 微博 weibo.com

「OCTalk」环保志愿教师们太棒啦！为你们点赞！

@华侨城湿地

#志愿感恩# 4月1日，人间最美四月天，不妨来湿地漫步闲游吧！今日来自哈乐儿的47位大小朋友迎着四月轻盈的脚步，来华侨城湿地中探寻春天。

在环保志愿教师的引领下，我们认识了"海芋"，见证了可以独木成林、拥有胡须的"榕树"爷爷，读懂了"含羞草"的含蓄，我们的到来似乎打扰到它们的休息，... 展开全文

与华侨城集团微博互动

（三）社会传媒资源

随着关注度的提升，华侨城湿地与网络报刊、本地资讯网络平台、自媒体公众号、纸媒手机客户端等多类型线上新闻资讯平台保持密切合作。不仅如此，湿地还深入与行业间的线上平台联系、开拓，与中国湿地保护协会合作、持续更新湿地中国网及其联盟网站（湿地中国网、关注森林网、森林旅游网、物种库），不断地提高业内知名度。

《一片湿地的生存智慧》

【一流湾区】正式通过验收 深圳华侨城国家湿地公园"转正"

深圳学习平台
2021-02-03

十订阅

作者：陌伟斌

2021年2月2日是第25个世界湿地日，主题是"湿地与水同生命互相依"。日前，国家林业和草原局正式公布2020年国家湿地公园试点验收结果，广东麻涌华阳湖国家湿地公园、广东罗定金银湖国家湿地公园、广东翁源滃江源国家湿地公园、广东深圳华侨城国家湿地公园入选，正式成为国家湿地公园，使全省的国家湿地公园数量增加到27个。

线上宣传报道节选（学习强国客户端新闻）

2019 年 5 月 31 日，《一片湿地的生存智慧》在中央电视台纪录频道全国首播

（四）政府推广资源

此外，华侨城湿地团队还积极搭接政府资源和社会资源，已连续多年联合各级政府部门合作，包括但不限于深圳市城市管理局、深圳市规划和自然资源局等多方部门。每年参加或完成近 10 项宣传活动，搭接政府平台，进行线上、线下宣传，包括线上平台、品牌联动等。

2019 年，联动深圳市生态环境局、深圳市生态环境局南山管理局举办国际生物多样性日

联动深圳市生态环境局南山管理局，举办自然艺术季，在地铁、公交车进行活动宣传

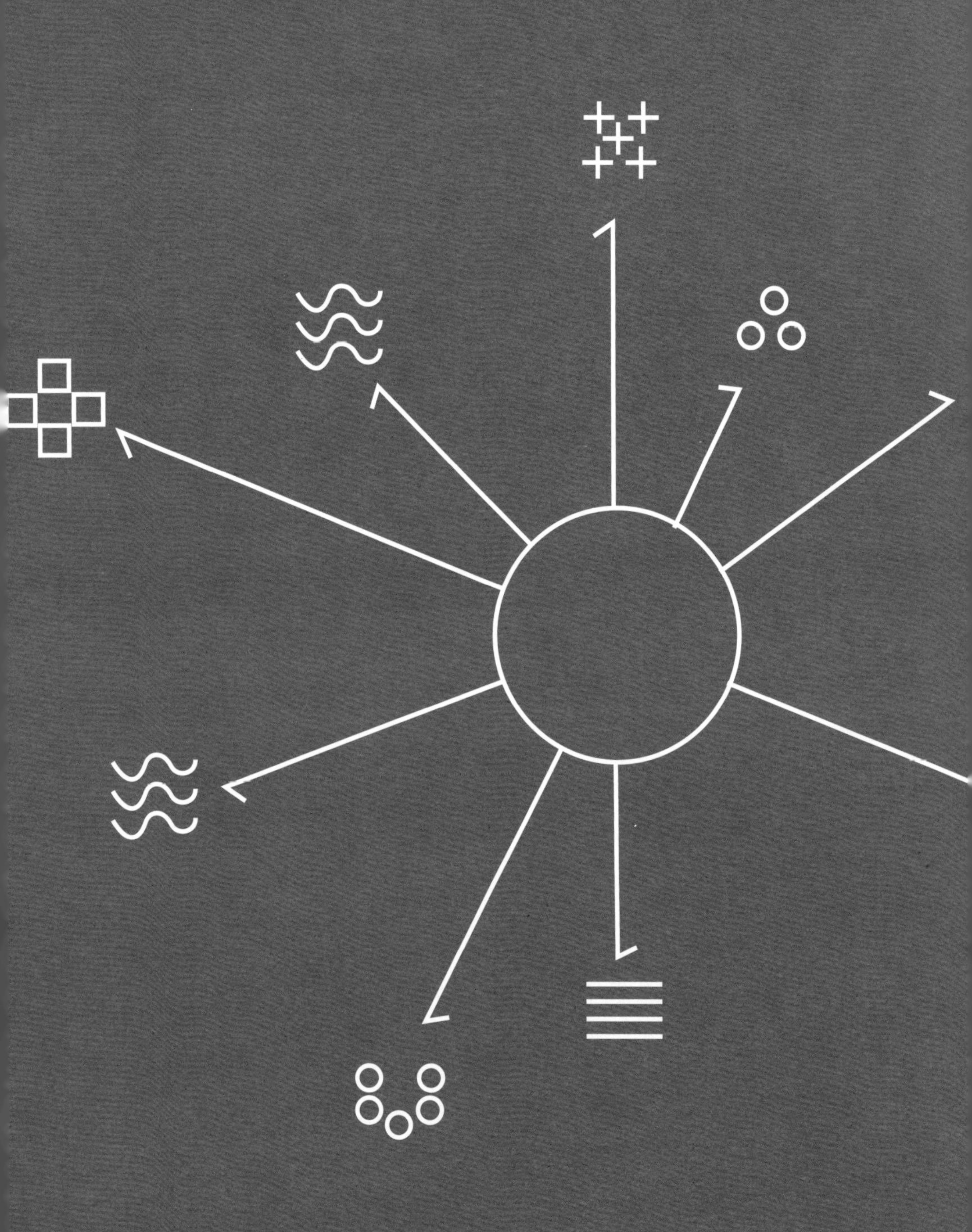

第四章
滨海湿地守护者

华侨城湿地的“一支环保志愿教师队伍”，便是指在湿地里服务的多支志愿者服务队。他们来自各行各业，年龄跨度较大，都因热爱自然而聚集于此。现在已有 6 支志愿者服务队服务于华侨城湿地，覆盖全园的志愿者服务体系为入园公众提供了丰富多样的服务内容。

华侨城湿地为志愿者打造了全方位的培训成长体系，根据湿地服务需求及志愿者的成长需求设置针对性的培训内容。此外，湿地还注重打造志愿者“家文化”，从软件及硬件上为志愿者的成长建立“支持体系”，为志愿者们提供温馨、舒适、开放、自由的交流学习空间。

第一节 守护者队伍演变

志愿服务是社会文明进步的重要标志，是广大志愿者奉献爱心的重要渠道。

——2019 年 1 月 17 日，习近平在天津考察时的讲

华侨城湿地自然学校致力于以自然为师，培育中国滨海湿地守护者，是一个开放给所有热爱自然的公众的公益平台，它始终秉承着“三个一”的宗旨进行建设。

其中，“一支环保志愿教师队伍”是指来自各行各业的志愿者队伍，包括深圳义工联“红马甲”志愿服务队、环保志愿教师志愿服务队、暨南大学深圳旅游学院“阳光益行”党员志愿服务队、深圳狮子会志愿服务队、青少年志愿服务队、工作人员志愿服务队共 6 支服务队。

现深圳市义工联系统中，华侨城湿地的在册志愿者共计 500 余人，共同组成湿地里覆盖全园的服务体系，协助自然教育活动开展，弘扬奉献、友爱、互助、进步的志愿精神，助力祖国生态文明建设，将自然友善及环保理念播撒到城市的各个角落。

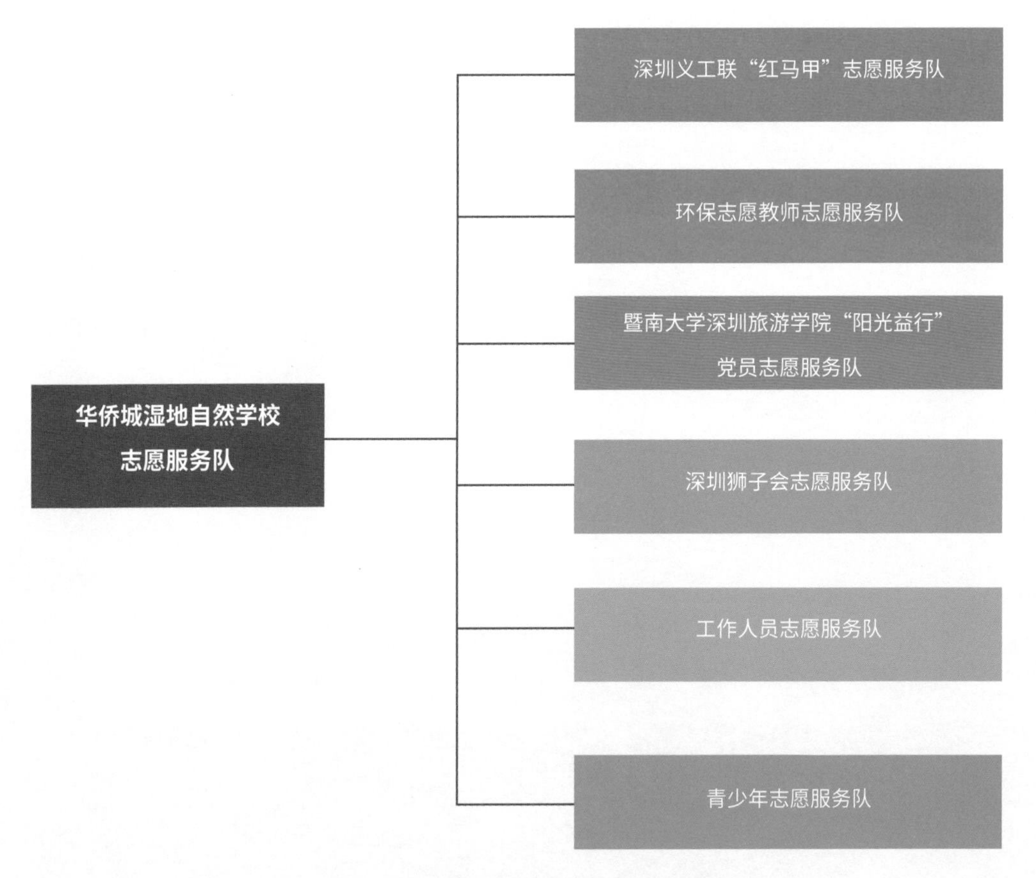

华侨城湿地自然学校的 6 支志愿服务队

2013 年

深圳义工联“红马甲”志愿服务队

2013 年，华侨城湿地与深圳义工联合作，深圳义工联环保生态组入驻湿地，成为深圳义工联“红马甲”志愿服务队，为入园的访客提供基础服务。

2014 年

环保志愿教师志愿服务队

2014 年，华侨城湿地自然学校成立，自主组建环保志愿教师志愿服务队，向社会公开招募并培训环保志愿教师，协助开展自然教育活动。

2016 年

16 年，华侨城湿地自然校在深圳义工联注册成了独立的“华侨城湿地然学校志愿服务队”，步完善志愿者体系。

暨南大学深圳旅游学院“阳光益行”党员志愿服务队

2016 年，暨南大学深圳旅游学院“阳光益行”党员志愿服务队的志愿者加入华侨城湿地自然学校的志愿服务队，在湿地生境维护、数据管理、访客回访等方面提供服务。

2016 年

深圳狮子会志愿服务队

2016 年 9 月，深圳狮子会志愿服务队的 68 支队伍加入华侨城湿地志愿服务项目，参与华侨城湿地运营服务。

2017 年

工作人员志愿服务队

2017 年，湿地工作人员志愿服务队助力华侨城湿地自然学校公益平台在业余时间提供志愿服务。

2019 年

青少年志愿服务队

2019 年，湿地开始招募组建青少年志愿服务队，给青少年志愿者提供愿服务的平台。

第二节　守护者服务

育的最高境界是使人对生命具有感受力。

——理伯蒂·海德·贝利

一、覆盖全园的服务体系

每逢开放日，在华侨城湿地都能见到身穿“绿马甲”的志愿者无私奉献的身影。他们利用业余时间湿地进行公益服务，将自然友善及环保理念传递给更多的公众。

为更好地传播生态文明理念，推广自然教育，湿地组建了华侨城湿地自然学校志愿服务队，开展湿园区运营、生境管理、教育及宣传活动协助等多样性的服务，服务覆盖整个园区，结合湿地特有的生资源，在 2.5 千米的原始海岸线上，搭建出人与自然联结的平台。

覆盖全园的服务体系，不仅为华侨城湿地的生境维护及教育活动提供了强有力的支持，向市民传播益环保理念、倡导低碳绿色生活，还能充分调动环保志愿教师的积极性，弘扬奉献、友爱、互助、进的志愿精神，以实际行动助力生态文明的建设。

志愿者服务

二、生境服务：提升生物多样性

华侨城湿地依托于志愿者力量，以生境管理为基础指导，组建生境活动志愿者团队。为逐步恢复区内的生物多样性，结合专家意见，对园区进行各种改造。

首先，华侨城湿地携暨南大学深圳旅游学院“阳光益行”党员志愿服务队对南岸揽碧居观鸟屋前滩进行改造实验，打造更适合水鸟栖息、觅食的生境。同时，湿地与专业性较强的志愿者合作，开展节动物监测调查，丰富本底物种调查数据。

此外，湿地还结合志愿者专业及兴趣开展园区生境绿地图的绘制活动，进行湿地植物种子收集、生清理及数据整理等服务。绿地图绘制活动给人们提供一个专属的湿地生态向导，赋予人们一双绿色的睛；湿地植物种子收集、生境清理及数据整理等服务，志愿者们收集的物种资源数据也成了湿地物种源丰富度的展示窗口。

种子收集服务

滩涂改造服务

三、运营服务：指引游客入园

华侨城湿地运营志愿服务覆盖湿地的整个开放区域，以定点服务、线路讲解、园区指引绘画为主。定点服务通过引导预约操作，协助指引排队、测温，园区导赏等，为入园访客提供基础服务。线路讲解的范围是从“正门”至“平湖飞鹭”，在讲解的过程中要为公众解答疑问、互动等；园区指引绘画主要根据运营需求，结合湿地生态元素进行功能性的井盖指引绘画，为入园的公众提供趣味生动的园区线路指引，丰富园区运营的管理体系。

园区物种介绍服务

入园参观指引服务

四、教育课程服务：体验自然的美好

华侨城湿地自然学校携手环保志愿教师，研发针对不同年龄、不同季节的多元化课程，如“生态赏课程”“小鸟课堂”“红树课程”“不速之客课程”“自然 fun 课堂”“小小探险家”等。邀请更的公众走进湿地，通过带领公众参与自然体验课程活动，体验自然的美好，唤醒对自然的敬畏，进而立起与自然的联结，激发保护环境的责任感与行动。

都市小菜农课程带领服务

生态导赏课程带领服务

五、宣传活动服务：传播公益环保

华侨城湿地常年举办世界湿地日、世界环境日、世界地球日和爱鸟周等重要环境纪念日活动。此外，还有每月一期的“华·生态讲堂”、一年一次的“志愿者感恩表彰会”、不定期的志愿者分享会和沙龙活动等。每逢活动开展，志愿者们便利用自己的业余时间来到湿地，向市民宣传公益环保理念，为大众服务。

世界地球日宣传活动服务

世界湿地日宣传活动服务

六、其他服务

除了日常的湿地生境管理、园区运营及教育活动协助等服务外，华侨城湿地还为志愿者们提供了施展才艺的机会，根据他们的特长，不定期开展绘画、摄影、文稿撰写和图书整理等服务。例如，请擅长绘画的志愿者参与园区“绿地图”和“解说系统”的绘制，向擅长写作的志愿者进行征稿等，得到了志愿者们的积极响应。

书籍整理服务

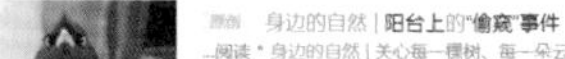

“身边的自然”征文服务

第三节 守护者培育

教育的本质就意味着，一棵树摇动另一棵树，一朵云推动另一朵云，一个灵魂唤醒另一个灵魂。

——卡尔·西奥多·雅斯贝尔

一、守护者培育理念

华侨城湿地自然学校致力于培育中国滨海湿地守护者，以成为“国际先进的公众参与式生态保护
自然教育示范基地”为愿景，以打造自然教育界的“黄埔军校”为目标，培育自然教育相关人才，打
自然教育公益平台，为愿意在自然教育道路上持续前进的伙伴们提供一个学习成长的机会。

华侨城湿地自然学校坚信“人格的培养比知识的传递更为重要”。志愿者的培育是一个长期的过程
自然学校自成立以来，就建立起一套志愿者管理规范并不断完善，创建出完善的培训体系，让志愿者
这个公益平台上不断地壮大。

除了每年 1~2 期的初阶培训外，更邀请不同领域的专业导师进行专业化的进阶甚至高阶培训，提
志愿者的专业技能，为优秀志愿者提供外出分享、培训协助导师等机会。华侨城湿地自然学校为志愿
提供开放的公益平台，以阶梯式成长的方式，构造一个属于志愿者的全新世界。

以自然为师

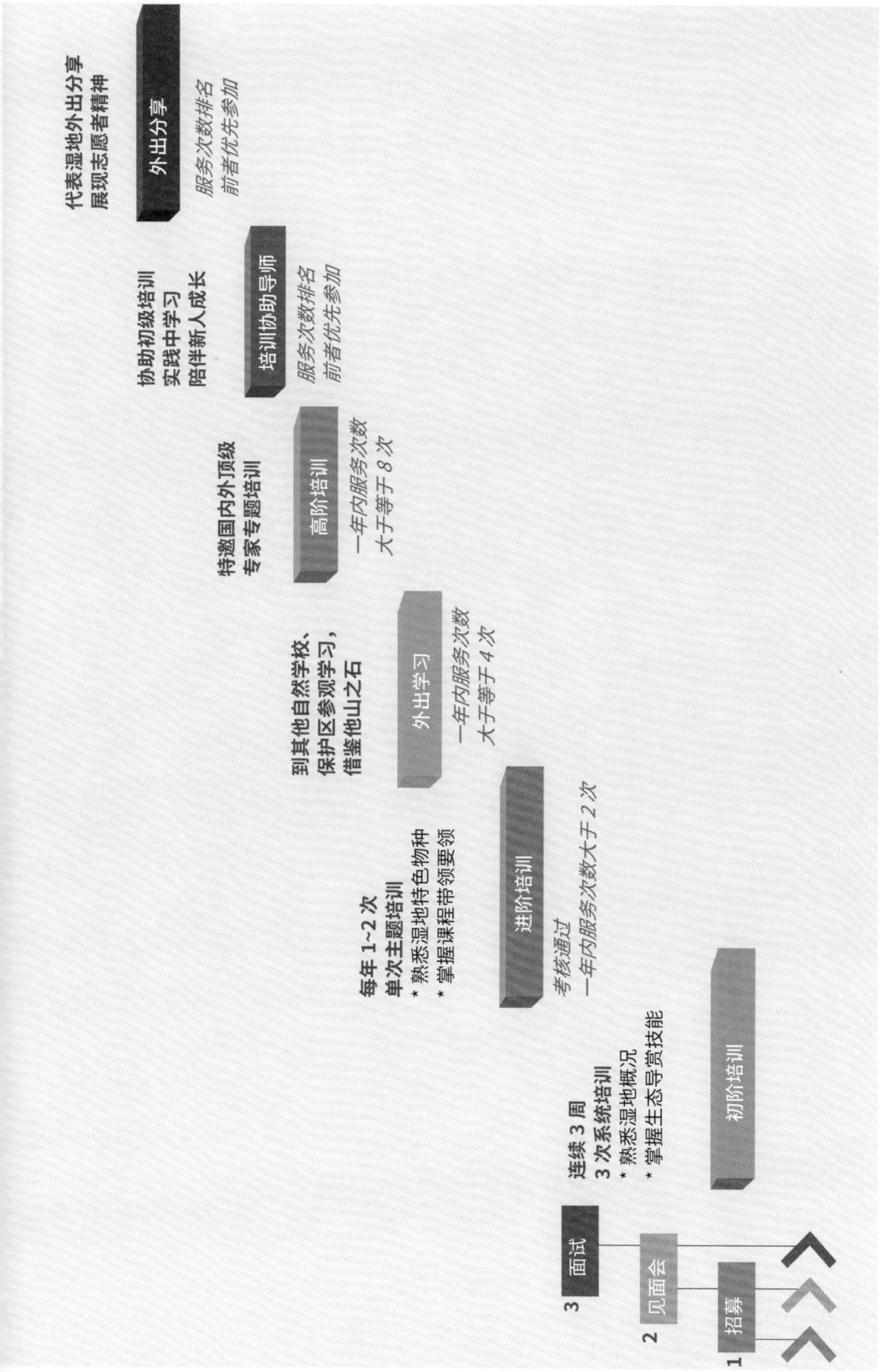

1 招募

2 见面会

3 面试

初阶培训

连续 3 周
3 次系统培训
* 熟悉湿地概况
* 掌握生态导赏技能

进阶培训

考核通过
一年内服务次数大于 2 次

每年 1~2 次
单次主题培训
* 熟悉湿地特色物种
* 掌握课程带领要领

外出学习

一年内服务次数
大于等于 4 次

到其他自然学校、
保护区参观学习，
借鉴他山之石

高阶培训

一年内服务次数
大于等于 8 次

特邀国内外顶级
专家专题培训

培训协助导师

服务次数排名
前者优先参加

协助初级培训
实践中学习
陪伴新人成长

外出分享

服务次数排名
前者优先参加

代表湿地外出分享
展现志愿者精神

志愿者培育体系

二、初阶学习

（一）环保志愿教师

环保志愿教师初阶培训是成为华侨城湿地自然学校环保志愿教师的第一步，初阶培训共计六大环节，包括招募、见面会、面试、培训、笔试以及考核。整个培训历时 4 个月，其中招募 1 个月，培训 1 个月，实习考核 2 个月。

环保志愿教师初阶培训体验

1. 培训对象

通过面试环节的报名人员。

2. 培训设计

华侨城湿地自然学校的使命是“以自然为师，培育中国滨海湿地守护者”，在环保志愿教师培训设计阶段也遵循着“道法自然”“情意自然”的理念，整体培训设计运用流水学习法，融入五感体验通过自然而然的方式，带领学员们亲近自然、友善自然，唤醒对自然的敬畏，激发保护环境的责任感行动。

同时，在整体的培训中贯彻“无痕湿地”的零废弃理念，让自然环保的行为贯穿整个培训，从身的点滴开始实施环保行为。借用动物学家珍·古道尔的话来说便是，“唯有了解，才会关心；唯有关心才会行动；唯有行动，才有希望。”

3. 培训执行

①方案设计：首先从理念、情感和技能 3 个方面明确开展培训的目标，根据不同的培训对象，选取合适的理念基础和教学方式，设计培训流程及人员的参与角色分工，并选择评估培训效果的评估方式。

②宣传招募：华侨城湿地的志愿者招募是一个双向选择的过程，在明确培训对象、培训方案后，通过线下、线上的方式，提前 1 个月左右进行活动预热。提前 2 周进行活动预报名，对预报名的人员开展见面会，让预报名人员对培训进行全面了解后可以根据自身的情况选择填写正式报名表。提前 1 周对符合条件的正式报名人员安排 2 对 1 的面试环节，通过面对面的方式进一步了解报名人员，并筛选出最终可以参与培训的人员。

③人员分工：环保志愿教师的培训由专职培训的工作人员主导，并邀请经验丰富的往期志愿者协助进行。培训岗位分为培训主导工作人员和协助带领人员，其中主导工作人员一名，协助带领工作人员多名，协助志愿者多名，分担摄影、文案记录、时间把控、示范带领及指导分享的工作。

④实际执行：将导师授课、自然体验、团队建设三部分用流水学习法的形式进行连接，并穿插使用五感体验、践行零废弃等自然教育活动设计方法及理念。让学员们用体验自然教育的形式，自然而然吸收培训所要传达的内容。

⑤复盘反馈：每场活动的及时复盘是对整体活动效果评价的重要方式，回顾活动的每个细节，对效果好的地方进行赞扬，对效果有偏差的地方找出问题所在，并提出改进建议，为下一次活动更好地开展提供实践基础。

4. 培训评估

培训的评估分为培训整体效果、培训人员的培训能力以及学员的收获与感受 3 个部分。在培训整体效果上，可以根据现场学员们的参与度、回应度和现场的整体氛围来考量；在培训人员的培训能力上，可以根据其带领环节的流畅度、目标传达情况和学员参与情况来判断；而学员的评估可以通过课后作业、调查问卷、实战演练、笔试实习考核等多种方式进行，从理论知识的掌握、实际运用的情况两方面进行评估。

体验自然

导师授课

5. 培训展示

第一天：环保志愿教师初体验

带领学员在自然教育活动体验中建立起彼此的联系，加深与自然之间的联结。从华侨城湿地修复的历史及生态环境现状出发，利用自然教育体验活动的形式以及互动方法，引入华侨城湿地自然学校的自然教育工作及理念，带领学员初步了解自然教育以及环保志愿教师的意义。通过有趣的团队建设游戏以及小组合作的方式，让学员打破界限，构建信任感。

活动目标：①初步体验小组协作；②了解自然讲解员的使命以及任务；③认识自然教育以及志愿者的意义。

五感体验

团队构建

打开感官

第二天：环保志愿教师养成记

以自然体验互动和生态游戏的形式，让学员了解自然教育活动设计方法、自然讲解思路和方向；以景设置的游戏形式，让学员化身自然讲解员，从多方面进行深入体验和学习，从设计者的角度去体验了解华侨城湿地生态展厅的设计理念，融合华侨城湿地红树林生态知识进行系统性学习。结合室内课教学，从理论和体验等多方面进行学习，为第三次实践培训奠定基础。

活动目标：①流水学习法实践；②了解流水学习法设计理念；③介绍红树林生态系统知识；④学习何带领讲解活动。

自然诗歌创作

生态导赏体验

声音体验游戏

第三天：环保志愿教师展身手

通过戏剧等艺术形式，让学员从自身角度出发，深入了解自然生态系统及各类生物生存的困难，培学员的同理心和理性思考的能力。同时，深层了解湿地的运营模式、理念以及华基金的自然教育、生环保公益项目，结合培训 3 天所学到的内容，让学员从实际设计者的角度出发，一展身手，设计自然育活动方案并进行讲解。

活动目标：①了解湿地运营模式和理念、华基金的自然教育、生态环保公益项目；②以戏剧的形
了解生态系统的组成和遭受的危险；③根据指定条件实践自然教育课程活动。

自然戏剧创作

方案设计

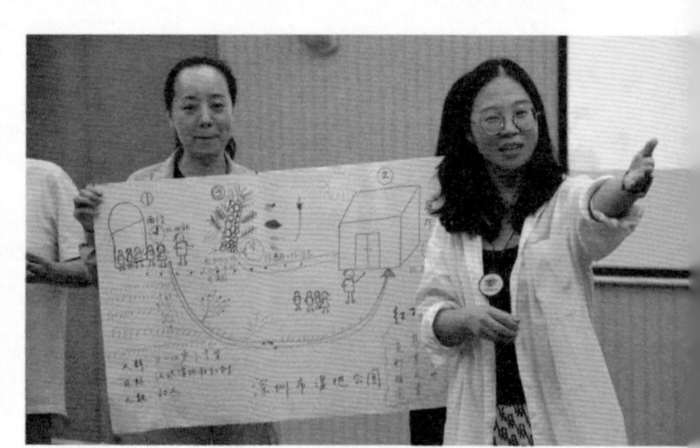

实践分享

（二）暨南大学深圳旅游学院“阳光益行”党员志愿服务队

2016 年，暨南大学深圳旅游学院“阳光益行”党员志愿服务队（以下简称“暨大服务队”）入驻
地，成为华侨城湿地自然学校中的一道靓丽风景线。资深环保志愿教师和工作人员对暨南大学学生进
多方面的培训，包括华侨城湿地历史与现状、生境运营、教育理念、相关服务技能培训，让学生们充
了解湿地，能够达到服务要求，为湿地提供园区定点运营服务、自然教育活动体验服务、生境数据管
及生境营造服务，展现大学生志愿服务风采的同时又让访客感受到湿地的魅力。

环保志愿教师带领培训

1. 培训对象

暨南大学深圳旅游学院“阳光益行”党员志愿服务队在校学生。

2. 培训目标

理念：通过体验自然，认识湿地的运营管理及生境保护理念。

情感：亲近自然，唤醒对自然的敬畏之心，并激发保护环境的责任感和行动。

技能：学习如何带领“寻踪小径”和“科普小站”的活动，掌握生境方面的数据管理、外来入侵植物清理及小生境营造方式。

3. 培训执行

方案设计：根据暨大服务队志愿者的专业、特长，参考环保志愿教师培训方案，改编调整培训方案并通过流水学习法方式呈现。

人员分工：以工作人员为主，招募优秀志愿者协助进行人员分工，安排摄影、计时、示范带领等工作岗位。

实际执行：通过流水学习法，将“导师授课”“自然体验”“团队建设”三部分进行连接，以体验、互动、分享的方式进行学习。

复盘反馈：完成培训后，对培训期间分工及现场进行复盘反馈。

4. 培训评估

根据暨大服务队及参与培训人员的反馈，对培训效果进行评估。向参与培训的学生收集培训后的收获及感想，了解培训效果。对参与培训人员，进行培训复盘，回顾培训内容，反馈培训期间各个环节的优劣处，通过反馈情况，不断调整、提升培训方案。

5. 发展历程

2016 年

2016 年，暨大服务队入驻湿地，经过简单的湿地基础知识理念培训后，开始为入园公众提供简单指引、介绍服务。

2017 年

2017 年，以“能够带领生态导赏活动，带领团队初步了解湿地”为目标，对暨大服务队进行培训。

2018 年

2018 年，从“湿地的历史及现状”“湿地运营模式理念”“湿地教育活动”多个方面对暨大服务队学员进行培训。

2019 年

2019 年，根据园区运营需求，调查暨大服务队志愿者的专长，为其专门增设岗位，进行有针对性的培训。

2020 年

2020 年，将湿地生态环境维护、生境数据管理、小生境营造等方面的内容融入暨大服务队的培训及服务中。

（三）青少年志愿者

自 2019 年 7 月，华侨城湿地面向青少年群体发出首期青少年志愿者招募。华侨城湿地工作人员带青少年志愿者在湿地开展理论知识和实践培训，为入园公众提供定点讲解、互动游戏、线路导赏服务。

带领青少年志愿者走进自然

1. 培训对象

深圳市 10 岁至 18 岁的青少年。

2. 培训目标

理念：通过体验自然、认识湿地的运营管理及教育理念，建立对志愿者的认知。

情感：初步体验并探讨自然，感受自然之美，对自然界心存敬畏，与湿地建立联结。

技能：能够指引公众走进并初步了解湿地，为公众讲述红树及鸟类知识，向公众传达湿地生态环保念。

3. 培训执行

方案设计：参考环保志愿教师培训方案，改编调整形成青少年志愿者培训方案，并通过流水学习法式呈现。

宣传招募：通过微信公众号提前并多次发布培训预告后，发布青少年志愿者培训招募宣传。

人员分工：以工作人员为主，招募优秀志愿者协助进行，安排摄影、计时、示范带领等工作岗位。

实际执行：邀请优秀小志愿者分享同龄志愿者的成长历程，并将导师授课、自然体验、团队建设三分用流水学习法的形式进行连接，通过体验、互动、分享的方式进行学习。

复盘反馈：完成培训后，对培训期间分工及现场进行复盘反馈。

青少年志愿者直接体验

4. 发展历程

2014 年

2014 年首期环保志愿者教师培训

2014 年，华侨城湿地自然学
志愿服务队面向公众开启首期环
志愿教师招募，其中包含青少年
体。

2019 年

2019 年首期青少年志愿者培训

2019 年，为了给深圳市中小
生搭建公益服务平台，引导青少
了解自然和湿地，华侨城湿地尝
并开启首期青少年志愿者招募，
展初阶培训，引导青少年志愿者
步了解华侨城湿地的历史、概况
理念。

2020 年

2020 年第二期青少年志愿者培训

2020 年，华侨城湿地自然
校志愿服务队将环保志愿者教
志愿服务队及青少年志愿者服务
进行分割。至此，环保志愿者教
服务队面向成年公众进行志愿者
募，青少年志愿者服务队专门培
10~18 岁的青少年群体。

5. 培训评估

根据青少年志愿者及参与培训人员的反馈，对培训效果进行评估。向参与培训的青少年志愿者收集训后的收获及感想，了解青少年志愿者培训效果。对参与培训人员，进行培训复盘，回顾培训内容，馈培训期间各个环节的优劣处，通过反馈情况，不断调整、提升培训方案。

我们在华侨城湿地公园过了一个既辛苦又有意义的下午。在这个下午我们做了很多事，比如参观了一个小展厅和让一些志愿者讨论他们是怎么"成功"的，以及这里的历史。

我们也懂了红树名字的由来，和招潮蟹的特殊习性等以前不知道的知识。

当然，在这里当志愿者是一个好选择，特别是对我这种鼻炎患者。毕竟空气更好嘛。

——李[illegible] 仙人掌

2019.07.27

这是我第三次来湿地了。总体感觉这里的生态系统特别完整，适合野生的鸟类、昆虫等生衍，以维持自然平衡。若说，有这样一座城，背靠青山，面向大海，其间还有千千万万生灵成日在微醉的海风中醒来，我想，那定是深圳。湿地，做为都市中的绿宝石"更需要人们去守护、去理解。而做为志愿者，最重要的便是引导人们去了解湿地，从而让这块宝石放出它所应有的光彩。在这里，我们要让人们懂得如何与自然和谐共处，了解湿地的自然系统，生态环境，亦还能让他们学到更多关于野生鸟类的知识。

清晨，当昨夜的浮尘还未落定，阳光拨开云雾，新的旅程又已开始。张宇骞

青少年志愿者培训感想

三、进阶成长

为了丰富志愿者的知识储备，更好地进行课程带领活动，提升志愿者的整体素质，华侨城湿地自然学校每年还会针对性地设置进阶培训内容，对达到一定服务次数要求的环保志愿教师开展进阶培训活动。训内容包括课程进阶培训和专家专题培训，提升志愿者的专业技能，进而拓宽知识领域，为环保志愿师参与课程研发活动储备人才、奠定基础。

（一）课程进阶培训

华侨城湿地自然学校常年开展特色课程，并根据季节变化开展季节主题课程。为了帮助环保志愿教理解课程内涵，培养独立带领课程、创新课程方案的能力；也为了规范课程的实施、储备课程讲师，地每年会对通过考核的环保志愿教师进行课程进阶培训，培养课程种子导师。

1. 培训对象

通过考核的环保志愿教师。

2. 培训目标

理念：了解华侨城湿地的现有课程设置、课程活动方案的研发思路及设计方法。

情感：进一步加深与其他志愿者的熟悉度、团结性，加深与湿地的联结。

技能：通过实际操练，掌握独立带领开展课程的能力。

3. 培训执行

通过前期调查了解学员们的需求，并根据服务的需求，通过课程设计理论的学习，带领学员亲身体课程，让学员们了解课程设计背后的理念、设计方法及带领学生的要点。之后，进行方案设计、实践带领，握基本的课程设计和带领方法，将所学应用到实践中去，给公众带去更好的课程体验。

4. 培训展示

观鸟培训

每年候鸟季来临前，组织志愿者参与观鸟培训，学习鸟类知识及观鸟常识。

解说培训

带领志愿者梳理湿地解说点，并整理解说要点及技巧，设计多样解说方案。

不速之客培训

带领志愿者正确认识外来入侵物种，体验湿地不速之客课程，学习带领技巧。

红树培训

培训红树林湿地相关生态知识，带领志愿者深入红树林，并体验红树课程。

5. 培训评估

培训结束后及时进行复盘活动，并向参与培训的人员发放调查问卷，收集培训参与人员的收获及感想，通过反馈情况进行分析，不断调整、提升培训方案。

（二）专家专题培训

为提升环保志愿教师专业技能，拓展其在自然教育、生态环保的知识层面，进一步提升环保志愿教师的授课能力及课程研发知识储备，华侨城湿地自然学校每年还会邀请来自国内外不同领域的专家组织专业化专题培训。现已开展包括自然笔记工作坊、无痕湿地工作坊、自然体验工作坊及滩涂营造工作坊在内的各类专业化、系统化培训。同时开设每月一期的生态讲堂，用讲座的形式给志愿者提供更多类型、多层面的培训。

1. 培训对象

通过考核的环保志愿教师。

2. 培训目标

理念：了解华侨城湿地的场域自然资源，学习多样自然教育方式。

情感：进一步加深与其他志愿者的熟悉度、团结性，加深与湿地的联结，增强带领活动的自信力。

技能：补充生态环保相关知识，提升授课能力及课程研发知识储备。

3. 培训执行

根据对志愿者的调查及湿地发展的考虑，安排不同的培训主题，用工作坊的形式，邀请专家带领工作员及环保志愿教师团队，进行专业化、系统化的学习。

4. 培训展示

然笔记工作坊

然之友盖娅自然学校资深环境教育专家张青老师带领自然笔记工作坊，分享自然笔的意义及创作方式。

无痕湿地工作坊

磨房 LNT（无痕山林）高阶讲师用理论加实践的方式教授无痕山林内容，并带领大家思考如何将无痕山林与湿地结合，进而为研发无痕湿地课程提供案例。

涂营造工作坊

湾荒野保护协会陈德鸿老师带领环保志愿师在华侨城湿地进行滩涂清理及红树种植动，为湿地营造适宜红树生长的滩涂环境。

自然体验工作坊

小路自然教育中心联合创始人壮壮（徐海琼）老师，为环保志愿教师分享自然体验课程经典案例，并带领环保志愿教师在湿地体验自然体验活动。

态浮岛工作坊

湾荒野保护协会陈德鸿老师为华侨城湿地作人员及环保志愿教师带来生态浮岛工作，结合湿地现有场域资源营造生物微栖地，造自然教育场地。

贝类复育工作坊

台北市关渡自然公园栖息地修复施作首席顾问高颍老师、台北市关渡自然公园管理处处长陈仕泓老师以及台湾成功大学水科技中心邱郁文副主任一起为志愿者和工作人员进行贝类和底栖生物的专业培训。

5. 培训评估

培训结束后及时进行复盘活动，并为参与培训的人员发放调查问卷，收集培训参与人员的收获及感想
通过反馈情况进行分析，不断调整、提升培训方案。

（三）华·生态讲堂进阶培训

华·生态讲堂自2016年开始，每月一期举办，特邀国内外环境保护和自然教育领域的高水平专家学者
为志愿者带来不同主题、不同内容的进阶培训，不断拓宽志愿者的知识面。

“红马甲”志愿者参与讲堂培训

“绿马甲”志愿者参与讲堂培训

四、高阶提升

华侨城湿地自然学校对志愿者的培育制定了阶梯式的培育方案，在经过了入门初阶学习、专题进
成长之后，优秀的志愿者还可以参与高阶提升培训。在高阶提升培训中，志愿者有机会前往广、深、
等各地知名的自然教育中心或场域进行交流学习；可以参与湿地专家研讨会、高阶培训工作坊，与工
人员一同在行业专家的引导下，深入挖掘湿地自然资源，营造具有鲜明生境特色的生物微栖地及自然
育场域，并结合场域特色研发自然体验课程。

除此之外，华侨城湿地自然学校里的优秀志愿者还有机会参与由生态环境部宣传教育中心（原环
保护部宣传教育中心）主办的全国自然教育骨干培训班，通过此平台与其他专业人士一同成长进步，
力国家生态文明建设。

高阶提升培训

1. 培训对象

通过考核的环保志愿教师。

2. 活动目标

理念：学习周边自然教育场域及其他自然教育机构的不同理念。

情感：深入了解湿地本土场域特色，稳固对自然的联结。

技能：体验多样自然教育方式，拓宽在自然教育方面的知识层面，学习贴合场域的教育活动。

3. 培训展示

（1）外出学习

华侨城湿地自然学校每年会组织一次优秀志愿者外出学习培训活动，邀请优秀的志愿者一同前往周边知名自然教育中心或场域进行交流学习。在外出学习活动中，志愿者们可以体验其他自然场域里的自然教育活动，学习多样性的自然知识，与其他场域中的志愿者进行经验分享、碰撞学习。

2015 年 1 月 17 日，25 人于仙湖植物园进行苔藓植物学习

2015 年 11 月 1 日，45 人于香港湿地公园进行鸟类主题导览

2016 年 10 月 15 日，50 人于香港嘉道理农场进行动物保育知识学习

2017 年 11 月 19 日，18 人于仙湖植物园自然学校进行植物专类园学习

2018 年 5 月 23 日，20 人于盐田垃圾发电厂进行垃圾分类香港知识学习

2019 年 11 月 26 日，51 人于大亚湾核电站进行核电站及潮间带生物学习

（2）专家研讨会及专题工作坊

为了全面了解华侨城湿地的自然资源，深入挖掘自然教育资源，推动湿地生境管理和自然教育的建设，华侨城湿地每年会邀请来自不同领域（生态修复、红树林生境、自然教育等）的资深专家，开展专题研讨会为华侨城湿地各项建设发展建言献策；根据湿地场域特色营造生物微栖地，并运用情意自然方式开发自然体验活动；带领工作人员及志愿者共同体验，从自然中获取能量，汲取养分。

专家研讨会

“情意自然”工作坊

共好工作坊

“理解自然，共同成长”工作坊

（3）行业交流培训

华侨城湿地在自行举办各类高阶培训外，还带领志愿者走出湿地，积极参加国家、省、市级等各类培训活动。如中国自然保护国际论坛、全国自然教育传播者培训、两岸四地可持续发展教育论坛、深圳市绿色学校校长研修班、深圳市生态环境科普教育培训班等。鼓励志愿者们可以通过更广阔的平台与其他专业人士一同进步成长，促进中国自然教育事业发展。

中国自然保护国际论坛

两岸四地可持续发展教育论坛

深圳市绿色学校校长研修班

深圳市生态环境科普教育培训班

其中，全国自然教育传播者培训是由生态环境部宣传教育中心指导，深圳市华基金生态环保基金会主办，自 2016 年起，每年在全国不同城市举办 2 场面向自然教育传播者的培训。环保志愿教师应邀参加了在深圳开展的培训班。作为志愿者高阶学习的专业培训班，培训班主要阐述了自然教育对于儿童成长、环境保护、社会发展的重要性，让志愿者从更多角度了解自然教育发展。

全国自然教育传播者培训活动

第四节　守护者支持

爱是一种伟大的力量，没有爱就没有教育；真教育是心心相印的活动，唯独从心里发出来的，才能打动心灵的深处。

——陶行知

一、守护者支持体系

华侨城湿地自然学校注重搭建人与自然、人与人之间的联结，也注重志愿者与工作人员、志愿者与志愿者之间的联结。华侨城湿地自然学校还为志愿者营造家的氛围、打造志愿者家文化，常年举办各类丰富的志愿者活动，建立并维系志愿者与湿地的联结，使其拥有归属感、荣誉感和满足感，增加团队凝聚力，促进团队服务热情。

在志愿者家文化方面，湿地建设了志愿者之家、自然教育之家和自然书屋等场所，从硬件、后勤及精神方面全面考虑，为志愿者们打造了轻松舒适的交流学习场所；在志愿者活动方面，每个季度都会举办志愿者沙龙和志愿者分享会，为志愿者提供分享自我、展示才能的平台；在一年一度的志愿者感恩表彰会上，会对志愿者进行感恩和表彰。多样的志愿者活动和温馨、人性化的志愿者家文化，为湿地的守护者们的支持体系提供了全面的保障。

感恩表彰会上的志愿者风采

二、志愿者家文化

华侨城湿地自然学校里的志愿者家文化从多方面渗透，包括硬件和场地设施、后勤服务和精神层面。

在场地方面，为志愿者提供轻松舒适的交流、休息场所；建设自然书屋，展出包括生物科学、自然教育、文学、艺术在内的多种多样的书籍、绘本、图鉴、杂志等，供志愿者借阅。

在后勤方面，为志愿者提供美味健康的工作午餐，和工作人员一同在员工食堂进行就餐、共同交流。

在精神方面，在每场志愿者活动，对每一位参与服务的志愿者进行感恩，公示感恩海报、短信；每个季度设置光荣榜，表彰当季度的优秀志愿者；设立定期的回访制度，在年末向志愿者收集年度服务反馈问卷、对往期志愿者进行电话回访、在特殊节假日对志愿者发送温馨祝福与节日问候。

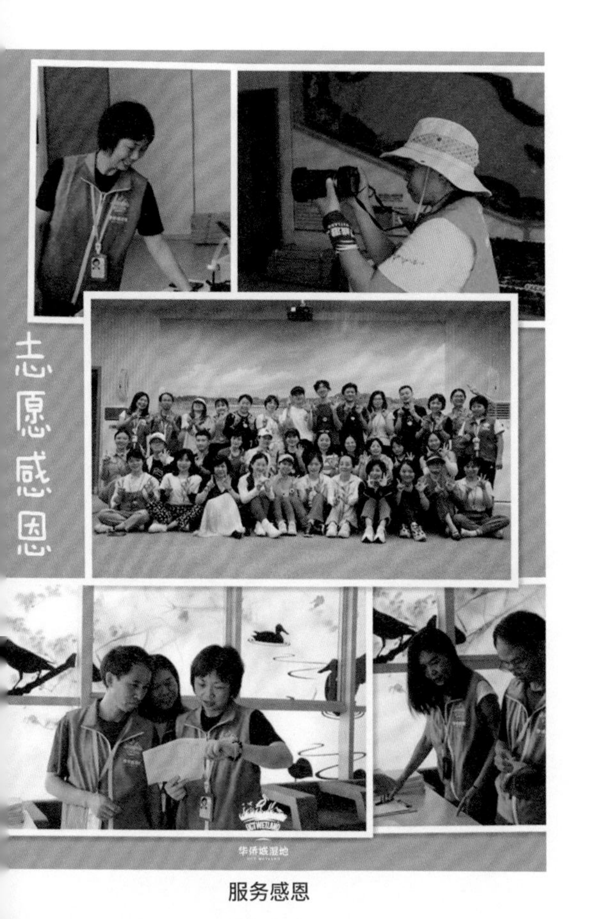

服务感恩

华侨城湿地自然学校志愿者荣誉榜

★ 季度服务明星 ★

★ 长青服务志愿者 ★

季度光荣榜

志愿者家文化

三、志愿者沙龙

志愿者沙龙是组织志愿者一起互动体验、相互交流分享的活动，结合了自然、艺术和中国传统文化，为志愿者们搭建相互沟通交流的平台。活动由工作人员组织和带领，每季度一期，为志愿者营造轻松、舒适的沟通交流氛围，以增强彼此之间的熟悉度以及团队凝聚力。

虫世界历险记

低角度、静下心，进入昆虫的世界，品味湿地夜的韵味。

慢慢走，欣赏啊，我们的湿地

行走在湿地的道路上，探索未曾注意到的美景与动植物。

导赏的不同打开方式

学习不同老师的生态导赏带领方式，体验并学习运用导赏中的互动游戏。

时光胶囊·属于你的记忆

共享童年时与自然相关的回忆，感受自然中简单纯粹的小美好。

四、志愿者分享会

志愿者分享会充分发挥了志愿者的主观能动性，邀请优秀的志愿者分享自己的服务经验和心得，分享对自然的认识、对自然教育的想法和见解，让志愿者展示自我、相互学习、共同成长。

湿地之美

分享中国不同湿地类型及相关自然教育工作（分享人：木榄——郭文贺）。

与孩子共享自然

分享自己如何与孩子共享自然，让孩子在自然中愉快地成长（分享人：梧桐——陆葵霞）。

倾听宝贝的声音

分享自己如何倾听孩子的声音，共同打造亲子间的亲密关系（分享人：雪花——韩江雪）。

童书中的自然观察

带领大家走进自然童书的世界，分享怎样用童书的视角去观察自然（分享人：招潮——周杰）。

五、志愿者感恩表彰会

一年一度的志愿者感恩表彰会设立在国际志愿者日或教师节前后，是华侨城湿地自然学校志愿者大家庭欢聚一堂的时刻，在表彰会上，将对志愿者整个年度的服务进行感恩和表彰。

同时，感恩表彰会也是一个展现志愿者才艺的舞台，志愿者会与工作人员共同庆祝、同台演出，表彰志愿者对社会公众无私奉献的服务精神，鼓励更多的优秀志愿者投入公益环保的服务行列。

工作人员与志愿者欢聚一堂

2014 年 6 月 1 日，
深圳义工联“红马甲”志愿服务队表彰

2015 年 12 月 5 日，
华侨城湿地自然学校成立 1 周年合影

2016 年 11 月 27 日，
华侨城湿地自然学校成立 2 周年合影

2017 年 12 月 9 日，
华侨城湿地自然学校成立 3 周年合影

2018 年 9 月 9 日，华侨城湿地自然学校成立 4 周年

2019 年 9 月 7 日，华侨城湿地自然学校成立 5 周年，
以“情长纸短，从心出发”为主题举办感恩表彰会

2020 年 11 月 29 日，华侨城湿地自然学校成立 6 周年，
以“青春盛会，携手同行”为主题举办感恩表彰会

2021 年 12 月 5 日，华侨城湿地自然学校成立 7 周年，
以“党建红，生态绿，新征程，我们再出发”为主题举办
感恩表彰会

第五节 守护者案例

然景物远比教师或传教士更能启迪人的心智。

——亨利·戴维·梭罗

华侨城湿地活跃着一群普通而不平凡的人，他们用信念和行动传播生态文明、推广自然教育，为改我们的生态环境而不懈努力着。他们是华侨城湿地自然学校的环保志愿教师，让我们一起来看看华侨湿地守护者的故事。

何显红：愿做自然学校的一块“砖”

自然名：小河

小河老师是华侨城湿地自然学校的“资深志愿者”，每周都能见到在华侨城湿地服务的身影。对他而言，志愿服务已成为他生活的一部。服务，能收获到学习的快乐，享受身体力行的愉悦。

2013 年元旦，小河老师与家人和邻居第一次来到华侨城湿地，那是通过华侨城湿地的新浪微博预约入园。小河老师的儿子石头跟邻居的小朋友随手捡起路边的枯枝玩了一路，不亦乐乎！ 2014 年偶然看微博发布了第二期环保志愿教师的招募，小河老师毫不犹豫报了名，此与华侨城湿地结缘。

小河老师说，他愿做自然学校的一块“砖”，哪里需要往哪里搬。的确，小河老师总会在华侨城湿需要他的时候出现。谦虚的他认为自己不够“专”（专业），但要有“砖”的精神。

正是因为这种精神，他在加入华侨城湿地自然学校大家庭后，乐此不疲地参与各种各样的活动及培。他能够从活动及讲座中提取对课程和服务有帮助的信息，进而提升自己。

雅斯贝尔斯说：“教育的本质是，一棵树摇动另一棵树，一朵云推动另一朵云，一个灵魂唤醒另一灵魂。”这是华侨城湿地自然学校经常引用的一句名言。小河老师认为，自己的影响力未能达到灵魂层面，只能做到“一棵树摇动一棵树”。在带团讲解时，他从不奢求把自己的理念装进每位访客的脑，他只是将华侨城湿地的生命故事娓娓道来，一个团队中只要有 1~2 人发自内心地认可并付诸行动就了。

小河老师期望更多的人参与进来，让更多的公众了解华侨城湿地保育的意义，与正能量的人为伍，起传播正能量！

在深圳市青少年环保节活动服务

受邀前往北戴河国家湿地公园对志愿者进行培训

郭文贺：湿地人，一家人

自然名：木榄

木榄老师和华侨城湿地结缘于 2014 年 6 月，那是他刚刚加入深圳义工联环保组第一次参加湿地培训的时候。在这里，他和华侨城湿地结下了不解之缘，也认识了一群可爱、有趣的人，还和全国的湿地有了更多的联结。

第二期环保志愿教师培训期是整整一年，很考验志愿者们的毅力和真心。木榄老师还是培训小组的组长，他和组员们一直都活跃在华侨城湿地。

在第十期环保志愿教师培训时，木榄老师以自己的亲身经历为师弟师妹们做了小小的引导。“作为环保志愿教师，我们最应该保有对于自然的爱，因为有爱和关怀才能
我们继续下去。”木榄老师如是说。参与和创新是他认为现在湿地的模式，培训是一种补充，更多的
平日的累积以及主观能动性，这才是坚持下来最重要的东西！

在湿地的这些年，木榄老师看到了很多美好的场景，让他迷恋上了湿地。由于工作的原因，木榄
师奔波于全国各地，也会在工作之余开车去往国内各大湿地进行“探秘”，东至上海崇明，西到西藏纳鲁
南下滇池，北上鄂尔多斯，甚至更远、更隐秘的角落。

木榄老师说：“华侨城湿地平易近人，完全没有门槛，可以让公众自由地、简单地获得自然门票，这是最让人感到幸福的了。”这就是他踏遍千山万水后仍然钟爱华侨城湿地的原因。华侨城湿地正是
为有木榄老师这样的志愿者存在，才能给予每一位到来的人幸福感。湿地人，永远一家人！

带领寻踪小径线路

红马甲时期服务

叶继峰：解读自然之美，领略不一样的自然教育

自然名：峰

身居华侨城 4 年的峰老师，从来都没注意到深圳城市中央有一个如美丽、原生态的湿地公园。直到 2016 年，华侨城地产组织业主到华城湿地亲子游。正是这一游，让峰老师被这里的自然环境、环保文化及志愿者精神所感动，从此踏上自然教育的志愿者之路。

20 多年前峰老师就立志成为深圳的一名志愿者，在求学过程中深中学恩师们的感染，敬仰教师育人的高尚品质。成为志愿者和教师是老师一直以来的梦想，2017 年，这两个梦想在华侨城湿地自然学校美实现了。

峰老师于 2016 年 10 月报名参与第六期环保志愿教师培训。经历一个多月的理论知识培训和团队带考核后，于 2017 年 4 月正式开始独立带领公众团队，但这并不能满足峰老师前进的欲望和学习的步伐。在自然教育这条路上做得更好，传递更多的正能量，除了需要时间、精力、热情、经验外，还需要更的知识储备。峰老师积极参加华侨城湿地自然学校开展的进阶培训，学习系统知识，同时还阅读大量书籍，力求用最短的时间吸收更多的经验和相关知识，这样就可以尽快用最好的讲解互动方式、最丰的科学知识服务大众。

峰老师在华侨城湿地的志愿服务中，“客人”的年龄跨度从幼儿园小萌宝、十万个为什么的小学生、主思维的中学生，到需要科学数据的成年人，还有活跃的老友们。他尽心尽力为每一次服务做好充足备课，力求能够完美带领好每次课程，让每一位受众带着好奇心而来，带着自豪感叹挥别。

峰老师说：“不求每个团队的所有人都能接收到我传递的正能量，就算仅有一个人认同，并能够把传递的正能量继续传递出去，已经是一次完美的服务了。”

带领成人团队

带领小学生团队

陆葵霞：活出自己想要的样子

自然名：梧桐

梧桐老师是一位机械工程师和软件工程师。在一个偶然机会下，梧桐老师心里深处的梦想被唤醒了。她来到华侨城湿地，开始环保志愿教师的生涯。梧桐老师在浓密的梧桐树下长大，家附近都是大江、湖泊、池塘、菜地，还有铁路。她爱地理、爱自然，总想去远方，去一个树上开满鲜花的地方。

20 多年前她来到深圳，这里满足了她的梦想。“春天，满树荔枝花飘香；夏天，满树凤凰花似火；秋天，满树相思树花如纱；而冬天，满树紫荆花如云彩。四季都有鲜花满枝。”梧桐老师真心喜欢这座城市，更希望自己是这个城市的建设者和服务者。

2016 年 10 月，梧桐老师报名了华侨城湿地自然学校第六期环保志愿教师。学习环保理念，学习然教育，学习植物，正式成为这里的环保志愿老师，开始从事自然教育。

每次带导赏，梧桐老师背着她的百宝书包，挂着相机、望远镜，手持放大镜，带孩子们走进自然带幼童触摸树叶枝干，听鸟鸣，闻花香，踩枯枝，看昆虫。对低年级小学生，梧桐老师带他们寻找动物的秘密，贴着树皮聆听树生长的声音，鼓励他们跟大树交朋友，用心感受自然；而对更大的孩子，引导他们观察探索自然，讲述植物和鸟的故事、讲物种的关联、讲二十四节气、讲植物与诗词、植物数学。

从事自然教育后，梧桐老师更热爱读书与学习了。读万卷书还得行万里路。梧桐老师不仅看国内的书去国内的湿地，还到国外的湿地、森林去学习。她购买了许多英文教材，学习国外的自然教育内容。学摄影学画画，梧桐老师带着小朋友们一起画鸟、画花、画叶，用最直观的方式引导孩子们了解自然。

梧桐老师一直认为，言传身教是最好的家教，做最好的自己，让孩子长成他自己喜欢的样子。梧老师说：“因为热爱，所以坚持。愿我们永远都能像孩子一样，与孩子们一道共享自然。”

带领孩子领略植物之美

梧桐老师的孩子棕竹老师参与志愿者活动

黄清松：自然与生活交织的静美

自然名：松子

松子老师在 2015 年加入了深圳市义工联环保生态组，一直坚持来华侨城湿地服务。松子老师说华侨城湿地是她在深圳的第二个家，每次服务就是放松、享受的机会，同时又能汲取知识，传播于他人，服务于他人，何乐而不为呢？

说起松子老师，不得不提到她的丈夫——第二期环保志愿教师小河。小河老师自从加入了华侨城湿地自然学校，回到家不自觉地就与松子老师和儿子石头老师分享华侨城湿地的趣闻，有时还带着他们在小区周边参观，看合拢“睡觉”的叶子，看虫子在树上爬，听听树，做叶子拼图……慢慢地，受小河老师潜移默化的影响，松子老师仿佛打开了了解自然的一扇门，一步一步走进自然，走进自然学校。

从此，松子老师对自然的觉知像一瞬间被唤醒了般，她在深圳土生土长，却从未留意，原来家门口种着的那片树林就是红树林，这片红树林一直默默守护着自己的家园，自己却对它一无所知。松子老师在自然学校里汲取了有关红树的知识，并乐于将红树林对人们生活的作用告诉更多的人，家乡自豪感油然而生！

从 2015 年到 2018 年，4 个年初一，松子老师和小河老师都要来华侨城湿地走一走，华侨城湿地已成为他们出行的首选之地，生活中，松子老师也忍不住将华侨城湿地推荐给身边的人。

令松子老师印象最深刻的一件事，是有一次他们一家三口为访客提供导赏服务，在导赏接近尾声时，来宾称，听了他们的讲解，觉得没有白来。后来得知他们是一家人时，更是对他们赞不绝口，说道，在繁忙的都市生活中，利用业余时间义务服务的精神值得他们学习！

每每获得访客的认可，松子老师都倍感喜悦，她觉得，能影响一个人是一个人。对于她来说，服务是不求回报的，是享受的，是放松的，能让来宾感到不虚此行，这种感觉特别踏实。

担任生态导赏课程主讲

松子老师一家一起进行服务

何昌孺：成长路上，华侨城湿地为伴

自然名：石头

石头老师从小学开始便对环保活动耳濡目染，2014 年开始，他就跟随父亲小河老师一起学习湿地的讲解和各种花鸟虫兽的知识，做父亲的小助手。后来，在母亲松子老师申请加入环保志愿教师时，石头老师也与母亲松子老师一起成为华侨城湿地的第七期环保志愿教师。

石头老师参加最多是华侨城湿地的团队导赏活动。其中让他印象深刻的是他上初中那会儿带的一次小学生的团队导赏活动，一群好奇宝宝们来到华侨城湿地，全程认真听讲解，还与他一直互动，对华侨城湿地的一切都感到好奇。除了作为大哥哥的自豪感，他特希望能影响更多的孩子，让他们能亲近自然，喜爱自然。

后来石头老师组织全班同学及家长来华侨城湿地参观，他和雪花老师为学生组讲解，小河老师为长们讲解。石头老师希望自己的同学们也能像他一样去亲近自然。虽然也会有一些同学不太能理解他做的事，但是大部分的同学与家长的支持让他有动力继续做下去。

2015 年华侨城湿地开展了“秋茄宝宝带回家”的活动，石头老师利用课前 3 分钟的讲解，召集全同学一起来领养秋茄宝宝，精心培育后再种回华侨城湿地。最后每位同学领养的“秋茄”都栽种成功送回华侨城湿地。石头老师和两位好朋友连夜将华侨城湿地赠予同学们的书挨家挨户地送到伙伴们手中

石头老师说，在华侨城湿地的这几年带给他很多改变。学会了自然观察，学到了自然知识，还和父同学一起完成了华侨城湿地的第一本植物叶拓书。垃圾分类、节约自然资源、环保的理念贯穿在家中个角落。华侨城湿地见证石头老师的青春年少时光，石头老师陪华侨城湿地一起成长。

带领同学一起参与 2015 年“秋茄宝宝带回家活动”

石头老师一家与湿地工作人员合影

陈晓瑜：人生旅途中的奇妙相遇

自然名：小鱼儿

“人生如逆旅，我亦是行人”，每个人都行走在人生的旅途上，而见便是旅行中的精彩瞬间。华侨城湿地对小鱼儿老师来说便是她旅行的一个温暖的存在。已自行走过了6大洲58个国家的她更喜欢“旅行”个词，而不是“旅游”，因为“旅行”更倾向于以一种探索、学习的态在行走。

因为曾在华侨城居住过一段时间，华侨城所给她留下了的深刻印象，她在突然发现 “华侨城湿地”这个存在时便被深深吸引了，虽然由于间安排原因错过了九期志愿者， 但是依旧等到了十期的到来。

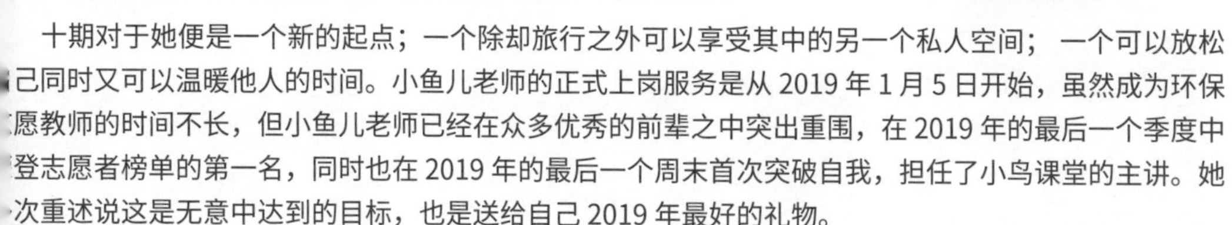

十期对于她便是一个新的起点；一个除却旅行之外可以享受其中的另一个私人空间； 一个可以放松己同时又可以温暖他人的时间。小鱼儿老师的正式上岗服务是从2019年1月5日开始，虽然成为环保愿教师的时间不长，但小鱼儿老师已经在众多优秀的前辈之中突出重围，在2019年的最后一个季度中登志愿者榜单的第一名，同时也在2019年的最后一个周末首次突破自我，担任了小鸟课堂的主讲。她次重述说这是无意中达到的目标，也是送给自己2019年最好的礼物。

在华侨城湿地的这段时间，已经成为小鱼儿老师生活中很重要的一部分。在2019年9月的志愿者彰会上，小鱼儿老师一直作为礼仪人员身份忙碌在场外，结束时听见小志愿者山竹在获奖感言时提及自己，没想到自己乐于分享的习惯已经在他人的心里埋下了一颗小小的种子，她渐渐地也发现在华侨湿地所获得的其实更多。

来到华侨城湿地后才发现将温暖传递给他人，自己也会收获温暖。身边平凡的花花草草也会有不同精彩故事。小鱼儿老师说：“华侨城湿地能够吸引我的不仅仅是自然环境的自然，同时也有人与人之的自然。”这正是华侨城湿地的魅力。

参与第一届中国自然保护国际论坛发布会暨深圳自然体验日活动服务

在平湖飞鹭为公众讲述湿地的生命故事

第五章
趣玩自然

“一套教材”指的是华侨城湿地自然学校本着“以自然为师”和“培育滨海湿地守护者”的使命，提炼多年的工作实践经验，结合生态科普和知识，携手环保志愿教师针对不同年龄受众、不同季节或环境开展条件研发的多元化系列课程。同时，结合二十四节气以及重要环保日，每年系统化开展主题讲座以及重要环境纪念日活动，如世界湿地日、世界环境日、世界地球日、爱鸟周等主题活动。

华侨城湿地自然学校在课程、活动实践中不断完善、更新“一套教材”，坚守亲近、尊重、体验、守护、责任、传承的理念，引领公众亲近湿地，在自然环境中体验，唤醒对自然的敬畏，激发公众保护环境的责任感和行动。

第一节　自然教育课程

对于自然世界，让儿童去学习知识远没有让他去体验重要。

——蕾切尔·卡森

一、自然教育课程研发及活动设计探索

（一）自然教育课程目标

伴随工业化、城市化和社会现代化的进程，人类渐渐远离了山川、森林、溪流和原野，成为穴居在钢筋水泥丛林中的动物。这种令人担心的异化，正在不断加速。儿童与自然的脱离，直接结果是会引起感官的逐渐退化，形成如肥胖率增加、注意力紊乱和抑郁等影响儿童身心健康的病态；间接的结果是会影响儿童的品德、审美和智力成长。一个从小对生命和自然失去敏感的人，长大之后怎么会关心地球环境和人类命运呢?

为了拯救儿童的“自然缺失症”，一种新的教育模式——自然教育走进了大众的视野。华侨城湿地自然学校探讨亲近自然对孩子身心发展的重要性，让孩子们走进自然，在自然中玩耍，在自然中学习，从中获得生命的力量，培养完整人格!

2016年，华侨城湿地自然学校梳理出培养完整人格的九大目标：感恩、坚毅、乐观态度、激情、好奇之心、敬畏心、责任心、自制力、社交能力。秉承“人格的培养比知识的传递更重要”的教育理念，研发和开展相关的自然教育活动。

2020 年，结合华侨城湿地自然学校教育理念的发展与更新，华侨城湿地自然学校将九大目标浓缩调整为五大目标，即敬畏、担当、仁爱、觉知和信任。自然学校根据不同的季节、不同年龄开展多元化的自然课程活动，围绕培养完整人格的五大目标来设计和开展自然体验课程。

课程引导孩子从学会如何与自然互动，到如何与身边的人互动，甚至能引申到如何与社会互动。同时引导孩子从“可持续”的角度进行思考与行动，催生环保行为，培养守护自然的承诺与责任感。

（二）课程研发探索及历史

1. 第一阶段：课程研发小组，研发者即执行者

2015 年 4 月，在华侨城湿地工作人员和环保志愿教师的带领下，成立了华侨城湿地自然学校体验小组，该小组为课程研发小组的雏形。

为了提升华侨城湿地自然学校的教育功能，壮大课程研发团队，规范课程研发团队管理模式，促进环保志愿教师形成自我管理的模式，为环保志愿教师提供自主研发课程、发挥特长的平台。2015 年 10 月，华侨城湿地自然学校在现有课程基础上成立了 5 个课程研发小组，即生态导赏研发组、小鸟课堂研发组、自然 fun 课堂研发组、无痕湿地研发组、零废弃课程研发组，组员面向全体环保志愿教师进行招募。

环保志愿教师会根据自己的特长、兴趣选择小组，利用业务时间自主制定学习计划并商讨课程方案。经过试教及教学方案的多方修正，最终形成多个主题的成熟方案，如红树课程、不速之客课程、自然 fun 课堂等活动方案一直沿用至今。

零废弃课程研发小组

小鸟课堂研发小组

自然 fun 课堂研发小组

2. 第二阶段：研发者与执行者的分离

经过前期课程研发小组的“百花齐放”后，自然学校进入第二阶段，这个阶段不再追求研发更多的课程方案，而是将之前研发的课程方案深化，进行高质量执行。由此，环保志愿教师的角色从研发者转变为执行者。

湿地工作人员需将前期研发的课程方案深化，撰写成能被其他（未参与该课程研发的）环保志愿教师掌握并执行的课程方案（即教案）。课程采取工作人员搭配环保志愿教师的课程执行模式，需对未参与该课程研发的环保志愿教师进行相关的培训。

在这基础之上，湿地工作人员也承担了研发新课程、完善教学体系的角色。这个阶段的特色是课程研发者与执行者分离，对教案的撰写要求较高。每年在课程开展之前需对环保志愿教师进行培训。

课程种子导师培训

小鸟课程种子导师培训

（三）课程设计方法

华侨城湿地自然学校课程设计所遵守的是美国自然教育家约瑟夫·科内尔（Joseph Cornell）的流学习法。这一方法是约瑟夫·科内尔在领导户外教学多年后，归纳创作的一套关于户外教育和体验设计理论。流水学习法分为四个阶段，从一个阶段进入另一个阶段时如流水般自然、流畅、循序渐进，故作“流水学习法”。教学方法可规划短至30分钟，长至一整天的课程，并可视情况随机应变，营造课的整体氛围，同时，教学者能掌控学习者的情绪变化。

1. 唤醒热忱

热忱是提高学习兴趣的关键。在自然体验旅程的开端，人与人、人与自然之间总是慵懒的游离状态，需要唤醒。如何集中彼此的注意力，又如何聚焦兴趣的关注点？在整个体验旅程中，好的开始是非常要的。

2. 集中注意力

唤醒热忱后，彼此之间有了初步的认识，增强了团队的凝聚力，便可进入集中注意力阶段。此阶开始尝试让参与者进入专注宁静的气氛，让身体的不同感官带领人们从热忱进入精神的另一层次中。

3. 直接体验

直接体验是四个阶段中人与自然沟通最紧密的部分，直接与自然交流，力量更强。经过集中注意的部分，人的感官逐渐开放，心灵感受力越加敏锐。在这一阶段，尝试体验“内在与自然的精神相联结”通过亲身体验加深对知识或自然体验的印象，给予参与者第一手的参与经验。

4. 分享启示

分享使得每一个人的体验得以升华和巩固。团队成员经历了不同的自然活动，自然有不同的体验经历。时分享交流，可以增强参与者的求知欲和凝聚力，同时为整个旅程画上完美的句号。

除美国自然教育家约瑟夫·科内尔的流水学习法外，华侨城湿地自然学校的课程还以中国传统文化“道自然、师法自然”为基础，以香港及国内首位全职自然体验师清水（刘文清）的“情意自然教育”、地利社会哲学家及华德福教育创立者鲁道夫·斯坦纳的“十二感官”作为理论基础研发课程。

（四）课程设计流程

1. 资源盘点

自然教育课程目标的实现需要借助一定的载体，即教学场所及教学资源。在确定载体后，因地制宜设计形成具有地域特色的教学内容，这是自然教育课程研发的重要环节。

在进行课程设计时，需先调查场域的资源情况。广义来说，资源包括自然生态、人文历史、设施器材、费、人力及现有的课程活研究调查资料等；狭义来讲，则指环境资源，包括自然、生态、地质、人文、术、史迹等。

以资源盘点做举例说明：在进行调查时，可以由内部熟悉资源、环境、物种辨识的人员来进行，或托外部专业的调查团队来执行。

资源调查至少应包括以下项目：整体环境，如生态环境、水文、周边资源；动物，如鸟类、两栖类、虫类、昆虫、哺乳类、原生种、外来入侵种等；植物，如开花植物、裸子植物、蕨类原生种、外来入侵种。

2. 课程方案设计

教学目标

每个组织成立的愿景与目标不同，教学活动能协助组织达成愿景与目标。因此，教育课程的设计需组织愿景和目标为依据。课程设计的第一步就是拟定目标，由目标再思考下一步的教学策略。

学习者

不同阶段的学习者，有不同的身心发展需求，课程设计要能照顾到不同年龄学习者发展上的差异。课程规划中，同一课程主题可依据年龄调整课程的深度。

年级	1	2	3	4	5	6	7	8	9	10	11	12
意识												
知识												
价值观												
技能方法												
行动力												

根据不同年龄的身心发展需求，每个年级需达成的不同的教育目标

案例（生态导赏课程）

活动概要：生态导赏课程活动以湿地特殊的环境资源为基础，结合海岸线的变迁历史，依托华侨城湿地自然学校，运用自然教育的方式，贯彻“零废弃”理念，传播志愿服务精神、传递生态环保的理念，让公众了解华侨城湿地存在的价值，唤醒滨海都市人保护湿地的责任感、倡导绿色生活。

赏花、赏景、赏自然

活动目标：根据不同的学习者设置不同的教学目标。

①幼儿园团体：通过近距离接触自然，与自然建立起联系，激发小朋友对于自然的惊奇之心。

②中小学团体：学生在了解基本的生态知识、历史的变迁的同时唤醒对自然的敬畏心。

③成人团体：搭建成人与自然的联结，激发保护自然环境的责任感和行动。

④亲子团体：让亲子家庭在自然环境中度过愉快时光，并激发对于自然的惊奇之心和敬畏心，增亲子间亲密感。

⑤大学生团体：与学生分享湿地的历史变迁、本土的原生物种，增强他们对自然保护的责任心。

⑥老年人团体：让老年人在亲近湿地、友善自然的同时忆苦思甜，收获内心的平静。

⑦特殊人群：根据特殊人群的特殊需求，利用不同的解说方式，带领团队亲近自然，与自然建立系， 收获内心的平静。

幼儿园团体

中小学团体

成人团体

亲子团体

小小环保志愿教师带领孩子走进红树林

跟随环保志愿教师学习湿地知识

3. 教学方法、策略

确定教学目标之后，根据学习者的特性，规划适合的教学方法与教学策略。常用的教学方法有解说教学、自然观察与体验教学、手工创作教学、游戏式教学、角色扮演、科学探究、六感体验、故事教学等。

解说教学：青少年环保节

解说教学：小鸟课堂

自然观察与体验教学：都市小菜农

自然观察与体验教学：寻宝大作战

手工创作教学：自然 fun 课堂

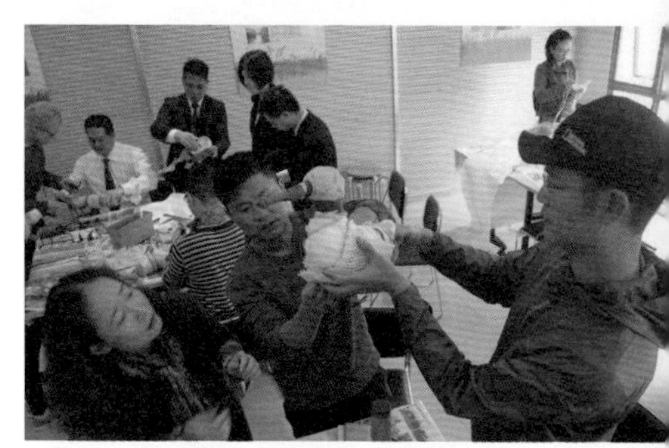
手工创作教学：零废弃之旅

游戏式教学：都市小菜农

游戏式教学：自然 fun 课堂

角色扮演：不速之客

科学探究教学：生机湿地

4. 教学评估

教学评估是检视学习者的学习成果与教学目标是否相符的方法，可作为改善教学的依据。华侨城湿自然学校一般采用课程执行者自我评估、课程受众评估和自然学校自我评估等方法。

（1）课程执行者自我评估

每次课程结束后，环保志愿教师及自然学校工作人员都会根据“活动评估表”进行复盘，围绕团队形象、动组织、主讲解说、助教协助、参与者反馈、突发情况及应对等主题进行自我评估；并根据自我评估行整合、记录，以调整活动方案，对课程进行提升。

华侨城湿地自然学校课程活动评估表　　记录人：

<table>
<tr><td>课程名称</td><td colspan="5"></td></tr>
<tr><td>活动时间</td><td></td><td>活动地点</td><td></td><td>组织成员</td><td></td></tr>
<tr><td>参与团队名称</td><td></td><td>参与人数</td><td></td><td>年龄组成</td><td></td></tr>
<tr><td>活动主要环节、
期望达到的效果</td><td colspan="5"></td></tr>
<tr><td>活动可能存在的
安全风险及突发状况</td><td colspan="5"></td></tr>
<tr><td>项目</td><td colspan="2">说明</td><td colspan="3">记录</td></tr>
<tr><td rowspan="2">团队形象</td><td colspan="2">绿马甲</td><td colspan="3">是　　否</td></tr>
<tr><td colspan="2">湿地帽子</td><td colspan="3">是　　否</td></tr>
<tr><td rowspan="6">活动组织</td><td colspan="2">签到</td><td colspan="3">是　　否</td></tr>
<tr><td colspan="2">团队介绍</td><td colspan="3">是　　否</td></tr>
<tr><td colspan="2">访客守则介绍</td><td colspan="3">是　　否</td></tr>
<tr><td colspan="2">活动流程介绍</td><td colspan="3">是　　否</td></tr>
<tr><td colspan="2">活动秩序</td><td colspan="3">是　　否</td></tr>
<tr><td colspan="2">分享、总结</td><td colspan="3">是　　否</td></tr>
</table>

(续

主讲解说	活动规则表述完整度及简约性	☆☆☆☆☆
	开场词、结束语	☆☆☆☆☆
	串场词连贯性	☆☆☆☆☆
	知识科学性	☆☆☆☆☆
助教协助	助教分工合理性	☆☆☆☆☆
	现场安全引导与维护	☆☆☆☆☆
	现场秩序维护	☆☆☆☆☆
参与者反馈	参与者配合程度	文字：
	参与者情绪	文字：
	参与者感悟关键词	文字：
	参与者收获关键词	文字：
突发情况及应对	天气变化记录及应对措施	文字：
	受众情况变化记录及应对措施	文字：
	场地情况变化记录及应对措施	文字：
	自然物遇见记录及应对措施	文字：
	受众特别情绪记录及应对措施	文字：
	受众受伤情况及应对措施	文字：

（2）课程受众评估

每次课程结束后，自然学校都会给受众填写活动反馈问卷，以网络问卷的形式，收集受众对课程的馈。课程研发小组对受众反馈进行整合、分析，调整活动方案，对课程进行提升。

华侨城湿地自然学校自然课程反馈问卷（2020 年）

敬的女士 / 先生：

您好！感谢您对华侨城湿地的支持，并在百忙之中填写问卷。请您根据自己的实际感受和看法如实写，本问卷采用匿名形式，所有数据仅供研究分析使用。华侨城湿地携手自然学校环保志愿教师，将断进步，提升公众体验质量！

敬祝身体健康，万事如意！

性别：

O 男　O 女

年龄：

O 18 岁以下　O 18~30 岁　O 31~40 岁　O 41~50 岁　O 50 岁以上

受教育程度：

O 高中以下　O 高中　O 大学专科及本科　O 研究生及以上

请您为提供教学服务的人员打分（5 分为满分）。

知识准确，内容丰富 ---

表达清晰，耐心有礼 ---

情绪饱满，生动有趣 ---

O 5　O 4　O 3　O 2　O 1

请您为教学内容打分 （5 分为满分）。

我学习到了更多的生态知识 ---

让我认识到环境保护的重要性 ---

让我度过了愉快难忘的时光 ---

O 5　O 4　O 3　O 2　O 1

您觉得本次活动组织的有序吗？

O 有序　O 一般　O 无序

今天您参加的活动是什么？

O 红树课程　O 小鸟课堂　O 不速之客课程　O 自然 fun 课堂

O 小小探险家课程　O 湿地寻宝课程　O 零废弃课程　O 小菜农课程

O 生态导赏课程　O 认识湿地自然朋友　O 追踪红树林王国课程　O 其他

7.1 今天的活动中，您印象最深刻的是什么?

7.2 您最喜欢 / 印象深刻的鸟是哪种？为什么?

7.3 观鸟时哪些行为是正确的？（多选）
O 观鸟时要在树林里轻声缓行　O 看到鸟非常高兴，大声通知同伴“快来看，这里有鸟！”
O 使用望远镜观鸟　O 可以抓鸟，掏鸟窝　O 用自己吃的面包喂食野生鸟类
O 可以携带宠物来观鸟　O 观鸟时可以采摘或损毁植物

8. 您从哪个渠道得知本课程招募?
O 华侨城湿地公众号　O 深圳市华基金生态环保基金会微信公众号　O 欢乐海岸微信公众号
O 华侨城湿地官网　O 华侨城湿地微博　O 朋友圈　O 微信群　O 其他

9. 这是您第几次参加华侨城湿地的课程活动?
O 第 1 次　O 第 2 次　O 3~5 次　O 5 次以上

9.1 您最喜欢哪一次的课程?

10. 您参与自然体验活动的主要目的是什么？（多选）
O 满足好奇心　O 学习知识　O 培养兴趣　O 开阔视野　O 休闲放松

11. 您认为本次活动大约有多少比重的认知自然形式是你以前没有接触到的?
O 100%　O 75%　O 50%　O 25%　O 没有

12. 您期望再次参加华侨城湿地的活动吗?
O 不确定　O 不想来了　O 还想再来

12.1 促发你不断参加湿地教育活动的原因是什么?

13. 您愿意向他人推荐华侨城湿地的活动吗?
O 愿意　O 无所谓　O 不愿意

14. 您对华侨城湿地的活动、教育设施、服务设施有什么建议和期望吗?

15. 在自然教育、环境保护方面，您希望对哪些主题有更多的了解?

16. 你来自哪里?

17. 你的孩子来自哪个学校?

郭文贺

20151128华侨城湿地，美丽中国欢乐海岸第二季体验活动分享会快乐举行，广东团队的11名年轻有为、多才多艺的支教老师及27名同学共同参与；自从上次美丽中国的老师带同学们来湿地参加活动，倍受老师们用心教育、无私奉献的精神所感动，我是没能力和机会去支教，趁此机会也想多感受老师们的感人事迹，让自己也能多些感动，多些感恩！作为一名义工希望力所能及的做些利人利己的事情，此次他们再来湿地，义不容辞欢迎他们的到来，同时也与其他伙伴们一起展现深圳义工的魅力，送人玫瑰，手有余香，让外地的朋友们也能感受深圳这座志愿者之城的热情和好客，传递美好与感动！

收起

可乐

〔美丽中国〕美丽的小天使——这些来自广东潮州、汕头、河源、梅州农村的小朋友，有着特有的纯朴和天真的笑容，对新鲜事物的好奇心和专注力，让我也深受感染，在这冬日里带来满满的正能量。自告奋勇的队长倩倩，起了"蝴蝶蕨起"队名，也画出了逼真的三株肾蕨；团队完成了自然书，但在分享前却怯场流泪了；小姑娘华华毅然接棒，在欣的协助下完成分享，赢得大家掌声；淘气的小酒窝来自饶平，一笑就露出缺牙，一直躲着我的镜头，直至后来终于同意拿着作品出镜了。还有美丽中国的支教老师们的分享让我对90后的社会责任有了新的认识。也许如刘老师所说，其实，不仅是我们在帮助他们成长，而是我们在从过程中找到快乐，一起成长。

收起

#学生的奇梦之旅#深圳之行足足期待了两个月，但今天经历的一切证明所有期待都是值得的。这次带陈悦出来深圳华侨城，也是完成了自己一个大的心愿。只有亲自教过她才知道她不仅非常优秀，还有一颗纯朴、明净的心灵。小小的她也许无法靠家里的力量了解外面的世界，只有靠自己的想象，于是当有了这个机会的时候，我毫不犹豫地带上她来见见外面的世界长什么样。今天对她来说，毫无疑问是这辈子里很特殊的一天，从起床那一刻开始所有的经历都前所未有，每一样事物对她来说都是新鲜的。也许信息量很大冲击很大，但我相信她今天过得必定是快乐且充实的。刚刚11点见她画完今天的感想画作之后差点就泪奔，这孩子的心灵纯净、透明，让人动容。今天作为老师带着她完成了一次难忘的奇梦之旅，我真的很骄傲，很满足。感谢华侨城！感谢华侨城的老师们！谢谢你们给孩子一个圆梦的机会！

课程受众反馈

（3）自然学校自我评估

自然学校根据讲师和助教自我评估及受众的评估、反馈进行整合，评估课程是否实现了自然学校课研发目标：有自主观察、探索环节，培养用美的角度看待自然；引导向自然学习，传播向上的、坚毅精神；学习探索自然的技能，学会与自然友好相处；培养守护自然的责任感，催生环保行为。

5. 教案撰写

教案的使用者一般为第一线的教学者，因此在撰写时，要思考如何呈现让人容易理解的文字内容。要内容包括以下几点。

目标：如认知、情意、技能等目标，撰写格式为“动词 + 自然界个体、表象、行为等”。例如，认城市里常见的 3 种鸟、认识湿地的 4 种红树。

教学场地：户外或室内，并写明需要的场域条件，如草地、需要桌椅数等。

适用对象：该课程针对的目标人群，如 6~8 岁亲子、8~10 岁孩子。

教学人数：课程适用人数，最少至最多；湿地一般是 15~20 个孩子 /10~15 组亲子。

教学时间：通常以分钟表示；湿地一般的课程时间在 90~120 分钟。

教学器材：器材、教具、学习单、PPT 等。

教学流程：包括教学的步骤、教学者的开场、引导语、活动目标、规则、安全须知、教学后的反思导语等。

教学评估：每个阶段可观察或可评量的方式，已确认达到教学目标；可通过问卷等反馈测试教学效果。

课程名称：宜生动好记、具趣味或引人想象。

建议事项：有关教学指引、教学法、场地、学习者分组等建议。

背景资料：可供教学者参考的补充资料、文献、网页等。

华侨城湿地自然学校在实际操作中一般有简案和详案两种不同的教案。简案供实际教学操作中工人员与志愿者的沟通交流之用，一般会指明每个执行人员所需承担的职责，以及课程具体执行中需要意的事项，便于快速交流及操作指导。详案作为研发资料，包含较详细的教学、场地选择等建议以及景学习资料，可供未参与该课程研发的并有教学需求的人员学习及使用（具体案例参考第五章的《经案例——认识红树》）。

6. 教具制作

教具是自然教育辅助教学不可或缺的一环，能增添课程的生动度、吸引学习者的注意，进而协助学达成目标，如游戏卡、角色扮演的面具、引导图卡、观察任务单等。

红树课程教具图册

红树课程任务单

华侨城湿地自然学校部分教具图卡

小小探险家系列课游戏卡片

（五）课程执行流程及角色分工

1. 课程执行流程

自 2014 年华侨城湿地自然学校成立至今，课程招募渠道跟随时代的发展，从微博、微信公众号到如今的湿地官网。根据工作安排，湿地自然学校会在每月初在湿地的微信公众号发布当月的活动预告而后每周招募当周的课程活动，包括招募协助课程开展的环保志愿教师。

在活动开展前一天，通知课程参与者课程集合地点、入园须知等相关课程注意事项。根据课程情况提前 1~2 天与环保志愿教师确定课程开展相关事宜。活动当天公众按要求到达课程集合地点，按照课活动方案进行课程执行。活动结束后，受众需填写公众活动反馈问卷，环保志愿教师及工作人员对课进行现场复盘及活动物资的归整，无法进行现场复盘时，让环保志愿教师再抽空填写华侨城湿地自然校课程活动复盘用问卷。

之后，工作人员根据课程执行效果、公众反馈及环保志愿教师的复盘进行课程的修订。

2. 角色分工

在华侨城湿地自然学校课程执行中，主要的角色分为主讲和助教。主讲一般由湿地的全职工作人员资深的环保志愿教师担任，需承担课程方案的准备工作，活动过程中的统筹及主要执行。而助教则由过课程进阶培训的环保志愿教师担任，负责课程物资的管理及发放、维持课程的秩序、担任摄影或文记录，通过文字或影像的方式记录活动中的环节及受众的口头反馈，为后续的课程评估积累素材；担某一探索环节的主要引导者；负责课程突发事故的处理，如安抚情绪失控的孩子，提醒家长安抚等，证主讲课程的正常进行。

华侨城湿地自然学校的课程师资配备比例，讲解型的师生比例是1：10左右，如30人左右的团队，配置1名主讲及2位助教。而体验或探索型的师生比例是1：6左右，如30人左右的团队，需配置1名主及4位助教。

（六）教案教学及修订

根据试教的教学结果、参与课程公众的反馈问卷、参与课程的环保志愿教师反馈意见与活动后的复会议，对课程进行修订，使其更符合优质方案应具备的要素。课程修正后，可能还需要经过几次的试与修订，最终完成课程的定稿。但定稿并非结束，课程是持续修订的过程，需因场域的变化、人力等题而进行修正，以达到更好的教学品质与成果。

为了实现课程目标采取的活动教学类型涵盖解说学习型、五感体验型、手工创作型、场地实践型、展游戏型、公众参与型等不同类型。

1. 解说学习型

运用解说进行教学是最常用的，也是运用最广泛的教学方法。所谓解说，是一种沟通的过程，需合情感与知识内涵，连接听众的乐趣与资源本身的意义（National Association for Interpretation，017）。

佛里曼·提尔顿在《解说我们的遗产》一书中提出了解说的六大原则，是我们运用解说设计课程的根本。

◇任何的解说活动若不能和游客的性格或经验有关，都将会是枯燥的；

◇资讯不是解说；

◇解说是结合多种人文科学的艺术；

◇解说的主要目的不是教导，而是启发；

◇解说应针对整体来陈述，而非零碎片段的知识；

◇对儿童做解说时，需完全不同于成人解说。

不速之客课程：讲师为受众科普外来入侵植物

零废弃之旅：受众在参观零废弃生态园，了解“零废弃”理念

生态导赏课程：受众参观生态展厅

无痕湿地课程：讲师为受众讲解“无痕湿地”原则

小鸟课堂：讲师为受众科普观鸟常识

自然 fun 课堂：环保志愿教师引导亲子如何用叶子作画

2. 五感体验型

五感体验型是一类容易上手的教学类型，它可以在各种类型的场域使用，也无须依赖特殊设计的教具或是完整的时间。这类教学方法的目的并非让学习者“学到什么”而是透过感官的接收、细致的观察心灵的触动，来感受大自然。

小鸟课堂：受众闭眼倾听鸟鸣

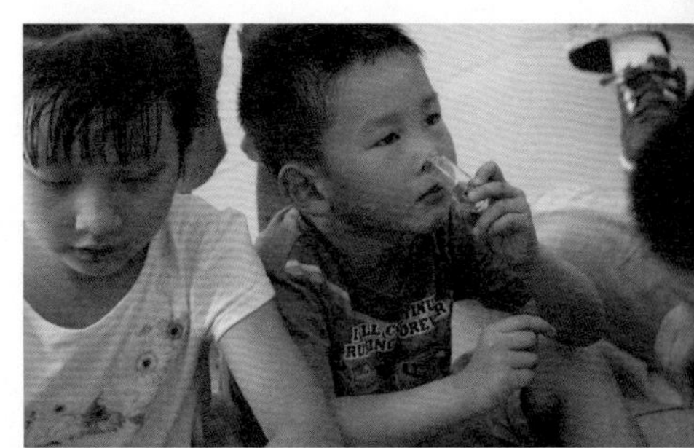

自然 fun 课堂：受众在嗅于园区收集的各种气味

自然 fun 课堂：受众触摸植物，与植物零距离接触

自然 fun 课堂：受众用镜子体验不同角度观察自然

3. 手工创作型

通过让受众利用自然或生活中的废弃物进行艺术创作的教学类型，在增加受众参与度的同时，让其感受自然之美或学习生活中的一些环保美学。

零废弃之旅：受众用废弃物进行手工创作

零废弃之旅：受众制作可代替清洗剂的环保酵素

自然 fun 课堂：受众用落叶、落花等自然物进行主题创作

小鸟课堂：受众以家庭为单位体验做鸟巢的不易

4. 场地实践型

每一个场域都有其特殊性，课程设计时因地制宜设计形成具有地域特色的教学内容，也能够因地制宜地开展相关的场地实践教学活动。

不速之客：受众进行入侵植物清理体验

红树课程：受众在湿地进行自然观察

5. 拓展游戏型

游戏式教学经常被运用在室内或户外课程中，可作破冰游戏，也可作主题活动。因为游戏式教学一方面可以提升学习兴趣，另一方面也可以增加团队互动学习与解决能力。

不速之客课程：受众体验外来入侵物种霸占本土生物家园的游戏

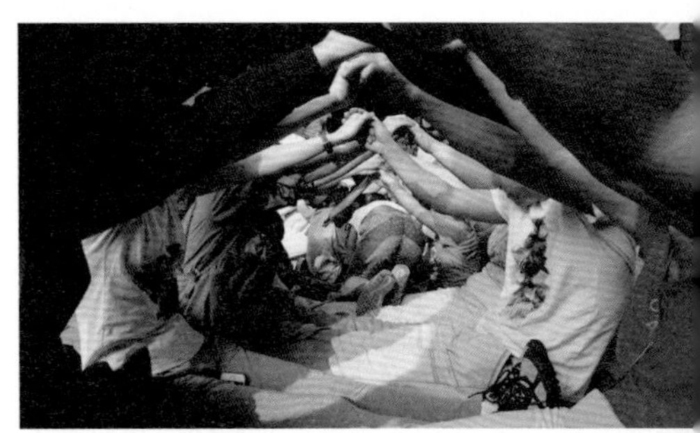

无痕湿地："翻山越岭"游戏让受众体验小草被踩踏的疼痛

6. 公众参与型

自然教育课程大多是小班教学，为了让更多的受众能够参与其中，了解自然教育。华侨城湿地自然学校开创公众参与型的教学类型，通过公益宣传活动，让更多的受众参与其中，引导受众从"可持续"的角度进行思考与行动，催生环保行为，培养守护自然的承诺与责任感。

秋茄宝宝回归湿地活动：学生将自己培育的红树苗种植在滩涂上

2015 年华·绿色论坛

深圳市义工联环保生态组在湿地清理外来入侵植物

（七）课程评估及风险管理

导致意外发生的风险来源：一是环境因素，二是参与者因素，三是组织者因素。

华侨城湿地水域面积超过 50 公顷，生物多样性丰富，不乏红火蚁、蛇等会危害公众人身安全的因素。作为活动组织者，需对开展活动的场域的地质地形、气候变化、危险生物以及水环境有事先了解。

对于参与者，也需提前了解自身的体力和运动能力，对其行动、态度、意识和情感部分有所了解，对服装以及在课程活动中的行为有所限制。可在课程活动开展之前，提前将安全注意事项传达给入园公众、活动参与者，使其提升自我保护及保护同伴的意识。

对于活动组织者，最重要的是做预防。事先花一小时踩点准备，熟悉场域情况，预防风险的产生，可以减少事后花一整天处理事务的麻烦。除了踩点熟悉场域之外，也需提前与参与课程执行的其他伙伴开展安全说明会，告知相关注意事项。在活动开展之前，让公众签署入园须知，并对其进行安全教育，告知课程中需注意的事项及可能会遇到的风险。除此之外，组织者也需携带急救箱以备不时之需；制定不同活动的注意事项。学习户外活动常见的安全问题的预防和急救方法。

一般来说，自然学校的风险管理分为制作安全管理手册、学习急救方法、工作人员应对事故和病情的态度和处理方法、宣传安全知识、投保、应对恶劣天气的方法、签署相关合同、制定不同活动的注意事项、户外活动的常见安全问题、事故的应对策略和个人信息管理等方面。

二、自然学校的示范课程

华侨城湿地自然学校携手环保志愿教师研发了针对不同年龄、不同季节的多元化课程体系。目前已开发出了生态导赏课程、自然 fun 课堂、零废弃之旅、小鸟课堂、红树课程、无痕湿地、生机湿地、都市小菜农系列课程、小小探险家系列课程、植物趣多多等十余个主题的自然课堂。接下来分享一些湿地较为成熟且具有湿地特色的示范课程。

（一）小鸟课堂

观鸟观自然，是走进自然的第一步。为了引导公众走近自然，激发爱自然的本性，基于华侨城湿地的生态资源，2014 年 9 月小鸟课堂正式与公众见面，由专职导师带领公众体验精彩的观鸟之旅。活动开展后获得良好口碑，逐渐成为华侨城湿地自然学校一项常规“明星”活动。华侨城湿地也通过实践对课程方案不断调整，2015 年 8 月开始运行小鸟课程升级版，在现有方案的基础上增加了鸟类知识科普及趣味游戏，引导受众亲身体验，激发观鸟兴趣。为了惠及更多的公众，2016 年开设第一期小鸟课堂种子导师培训，培养更多能够带领小鸟课堂的环保志愿教师。2019 年小鸟系列课堂《一鸟一世界》回归，带给公众更深入的课程体验。

2014 年 9 月，第一次正式与公众见面

2015 年 8 月，一周年之际开设系列课程

2016 年，开设第一期种子导师培训

2019 年，重新开设系列课程

1. 单次课：湿地飞羽

基于华侨城湿地的生态资源，2014 年 9 月小鸟课堂正式与公众见面，由讲师带领公众体验精彩的观鸟之旅。活动面向 8 岁以上的亲子家庭，课程内容包括观鸟常识科普、望远镜的使用方法及鸟类知识科普等。活动开展后获得良好口碑，逐渐成为华侨城湿地自然学校一项常规明星活动。小鸟课堂以“小班教学深度体验”为特点，带领市民走进小鸟的世界。

活动目标

认知：了解什么是观鸟；了解湿地的常见鸟种。

情意：通过观鸟了解鸟类与湿地的关系，知晓保护湿地对于鸟类的重要性。

技能：掌握望远镜的使用；能够认知常见的湿地鸟种 4~6 种。

活动对象

8 岁以上亲子家庭或成人。

参考时长

100~120 分钟。

公众在华侨城湿地观鸟

排队通过单筒望远镜观察水鸟

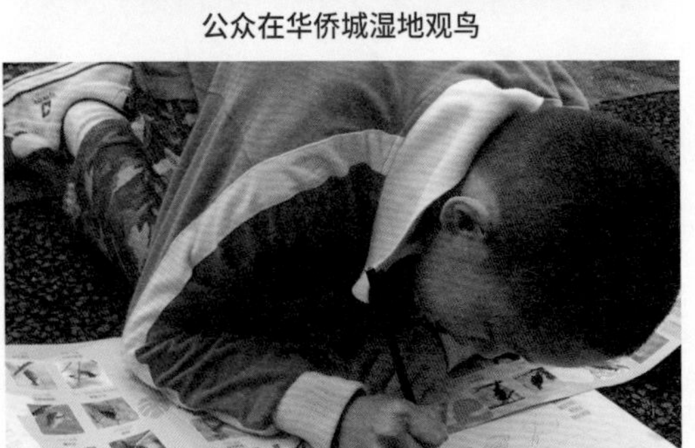
学员在写观察笔记

家长指引孩子观鸟

2. 系列课

随着华侨湿地自然学校小鸟课堂的发展，2015 年开始设置小鸟课堂系列课，在原有方案的基础上增加了更多的鸟类趣味游戏及知识科普，引导参与者亲身体验观鸟的乐趣。

系列课程设置了不同的课程主题，从望远镜的使用入手，到鸟的衣食住行，由浅入深地了解关于鸟的各种知识。包含观鸟初体验、出水的精灵、飞翔的艺术和生命的律动 4 个活动方案。

我们知道大多数的鸟都会飞翔，让人羡慕不已，但你可曾想过，鸟为什么会飞？仅仅是因为长了翅膀吗？我们为什么要到湿地来观鸟，湿地的鸟为什么比较多呢？通过观察及老师的讲述，可以了解到湿地是鸟类的栖息地和中转站，鸟的衣食住行都与湿地息息相关。湿地不仅仅是候鸟和过境鸟的中转站，更是留鸟的家。通过观察湿地常见的林鸟，了解鸟是如何筑巢和繁育鸟宝宝的。候鸟不远万里迁徙而来是为何？通过老师的讲述了解鸟类迁徙背后的故事。

活动目标

认知：了解什么是观鸟；了解湿地的常见鸟种；了解鸟的迁徙。

情意：通过观鸟了解鸟类与湿地的关系，鸟类迁徙的不易；知晓保护湿地对于鸟类的重要性。

技能：掌握望远镜的使用；能够认知常见的湿地鸟种 30 种左右；能够说出什么是鸟的迁徙。

活动对象

8 岁以上亲子或成人。

参考时长

1 个系列课程 3~4 次，每次 100~120 分钟。

受众闭眼倾听鸟鸣

小学员在户外捡取枯枝落叶作为创作材料

学小鸟走路

志愿者指引受众观鸟

（二）红树课程

红树林姿态优美，对维持湿地内动植物生态环境起到了积极作用。华侨城湿地拥有近 4 万平方米的红树林群落，分布于湿地的东西两侧，其中东侧保留了一片原始红树林。这样一类树种以及它面临的危机，市民是否了解？红树林为什么不红？红树具备哪些特殊的生理特征使其能够生存在水陆相交的地方？这些都是值得人们探索的主题。

随着红树科普小径的建立，2016 年开始开设红树课程，2017 年开设红树系列课程，因环保志愿教师及湿地工作人员的不断探索与调整，红树课程逐渐演化为湿地成熟的特色课程之一。

2016 年，开设红树课程

2017 年 7 月，开设红树系列课程

1. 单次课：认识红树

“认识红树”课程致力于引导公众认识红树，了解红树林现状，进而用自己的行动去保护红树林及滨海湿地；理论与实践相结合，内容包括红树知识科普、户外观察、辨认、绘制等环节。

活动目标

认知：了解什么是红树，以及红树名称的由来；了解华侨城湿地红树概况；认识华侨城湿地的 4 种真红树；分辨出不同红树的特征。

情意：体会红树生长过程中的艰辛；体会红树独特之美。

技能：画出红树局部和整体自然笔记；观察红树并表达其特征。

活动对象

8 岁以上亲子家庭或成人。

参考时长

100~120 分钟。

学员的自然笔记

学员近距离观察红树

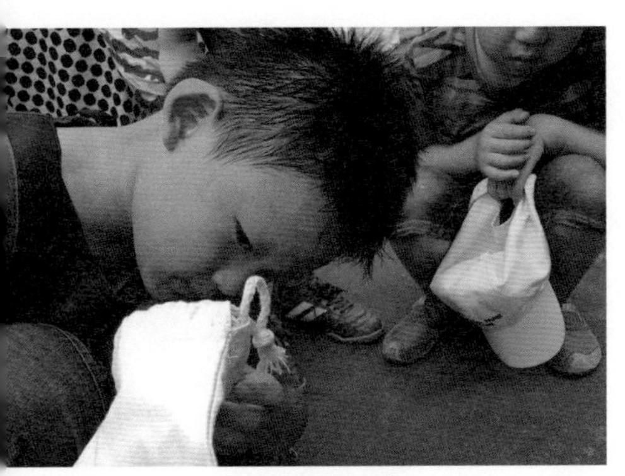

寻找红树主人的线索

红树课程学员分享中

2. 系列课

红树系列课程以理论与实践相结合，依托华侨城湿地本地特色植物——红树进行教学，走进红树林，深入细致地引导学员观察了解红树林的特征与特点，内容包括红树知识科普、户外观察、辨别等环节，包含“我的家在红树林”“认识红树”“红树之家”和“红树与我们”4 个活动方案。引导公众由浅入深地认识红树林、了解红树林生存现状及其生物多样性和所遇到的生存危机，进而用自己的行动去保护红树林及滨海湿地。

活动目标

认知：了解什么是红树以及红树林环境特点；了解红树为了适应环境具备的生存法宝；认识红树家族及栖息在其中的生物；保护红树林及栖息在其中的生物的多样性。

情意：能体会红树林作为栖息地的重要性；能体会红树林面临的生存危机。

技能：能认识湿地常见的 4~5 种红树；能说出红树如何适应恶劣环境；能说出红树林生态系统的功能。

活动对象

8 岁以上亲子家庭或成人。

参考时长：

1 个系列课程 3~4 次，每次 100~120 分钟。

受众观察红树，并做记录

生态网游戏

（三）不速之客

湿地有一类植物，它们长得快，长得多，最擅长占领地盘。夏季雨后，湿地的草丛里葱葱郁郁，好像铺上了厚厚的“绿地毯”，路边还有开着白色、黄色、紫色花朵的各种植物。它们看似美丽却悄无声息地影响着湿地的生态平衡，它们顽强的生命力又令人称奇。它们是谁？它们从哪里来？带着这些疑问，家长和孩子们一起跟随华侨城湿地自然学校的工作人员和环保志愿教师一起去探秘这些外来植物的故事。课程内容包括外来植物与外来入侵植物知识科普和清理、外来入侵植物实地体验环节，希望通过课程能够引起公众对外来植物、外来入侵植物以及人类活动对生态平衡影响的思考。

活动目标

认知：了解外来植物、外来入侵植物的概念；了解外来植物与人类的关系；了解华侨城湿地自然学校外来植物、外来入侵植物的概况。

情意：能体会入侵植物对其他植物造成的生存威胁。

技能：能够通过观察并表演出含羞草的运动方式；能够说出华侨城湿地的 4 种入侵植物。

活动对象

8 岁以上亲子家庭或成人。

参考时长

100~120 分钟。

穿越鬼针草

清理蟛蜞菊

认识银合欢

扮演含羞草

（四）自然 fun 课堂

自然 fun 课堂主题包含“湿地叶纷纷”“小眼睛看湿地”“湿地寻宝大作战”和“你好，湿地”4个活动方案。本主题课程注重自然体验，通过不同的游戏，带领公众体验自然，期待低年龄的公众可以在游戏中体验自然的美好，从而爱上自然，播下保护自然的种子。

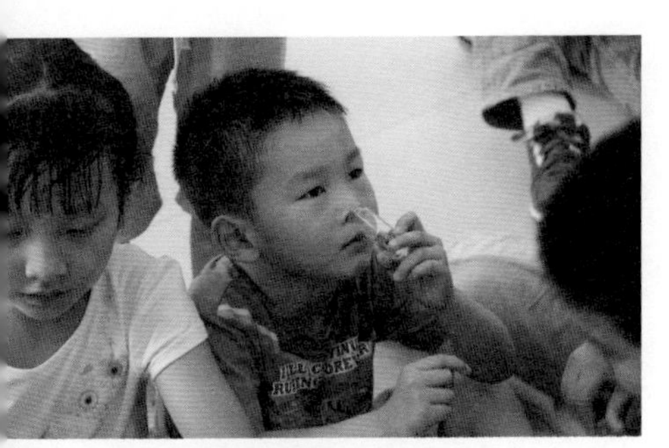

湿地叶纷纷（2015）

湿地寻宝大作战（2017）

小眼睛看湿地（2017）

你好，湿地（2018）

1. 湿地叶纷纷

湿地叶纷纷活动以湿地中的植物作为教材，在课程讲师的引导下，公众用触觉和嗅觉感受植物叶子、皮、花朵。课程讲师以园区中的枯枝落叶作为素材，引导公众发挥想象，将不起眼的枯枝落叶变成玩和艺术创作的素材。以自然体验的形式，强调在自然环境中的感知性学习，为公众提供在自然中进行索和学习的机会，帮助公众建立与自然亲密的情感。

活动目标

认知：了解“世界上没有完全相同的两片树叶，每一片叶子都是独一无二的”。

情意：通过探索叶之美，感受湿地自然之美。

技能：通过随处可见的树叶，探索有趣的自然。

活动对象

6~8 岁亲子家庭。

参考时长

90~120 分钟。

叶子大比拼

石膏叶拓

叶拓

与植物零距离接触

2. 小眼睛看湿地

来到湿地，闭上眼睛，用身体感受湿地的一草一木，体验微风拂过脸庞的舒适，听水里鱼儿吐泡的声音；睁开眼睛，打开想象的翅膀，去观察湿地的大自然，化身小动物去湿地里冒险，经历一个个趣好玩的、属于你的湿地故事。“小眼睛看湿地”以湿地为故事的背景，在讲师的引导下，学员以园的动植物为素材，以湿地为舞台，创造属于自己的故事脚本。

活动目标

认知：提升儿童对自然中各种细节的观察能力；加深对自然中各种动植物的认知，同时激发儿童自然为背景的创造能力。

情意：感受动植物在湿地的生活。

技能：锻炼儿童在陌生环境中互相帮助，相互协作达成目标的精神；锻炼儿童的表达能力。

活动对象

6~8 岁亲子家庭。

参考时长

90~120 分钟。

学员摄像机游戏中

学员创作中

学员体验中

学员作品展示：《我很羡慕它》

1

这是一只害羞的小刺猬，它喜欢闻花香。它躲在小花后面，说：“我好害羞啊，我好羡慕树上的小鸟。树上的小鸟不用在陆地上，站在很高的地方，就可以看得更远。”

2

树上的小鸟说：“我好羡慕在大叶子上的小鸟，它可以在大叶子上滑滑梯，好好玩啊。”

3

大叶子上的小鸟又说：“嗯，其实我好羡慕这只大鸟，这只大鸟可以到处抓虫子吃。”

4

这只大鸟说：“虽然我可以抓很多虫子吃，但是我更羡慕能在天空上自由翱翔的鸟，它能飞得更高，抓到更多的虫子。”

5

可是这只翱翔的大鸟又说：“哎，其实我好羡慕在陆地上的小刺猬啊，它能闻到花香，在陆地上吃到果子。”

3. 寻宝大作战

在湿地中藏着许多“宝藏”，也许是一场鸟儿鸣唱的音乐会，也许是形态各异的枝叶与阳光结合来的一幅幅画作展览，又或许是一次亲子共享宁静的难忘之行……该课程以探索湿地为主题，带领公在生态展厅、觅幽阁及轻纱绿苇 3 个主要观察点及沿途，引导公众动用五感寻找宝物，宝物可以是新的物种、全新的体验、难忘的经历。希望参与人员能够观察湿地特色物种、感知自然之美。

活动目标

认知：认识 4~5 种滨海湿地特色物种。

情意：打开五感，感受自然之美。

技能：能够通过地图找到指定的拓印点；通过寻宝卡完成指定的任务。

活动对象

6~8 岁亲子家庭。

参考时长

90~120 分钟。

闯关看地图

寻宝闯关

拓印任务

4. 你好，湿地

湿地是动植物朋友的家。到访朋友的家，你是否曾与它们打过招呼？该课程将湿地动植物拟人化，讲师的引导下，学员选择一位湿地的动物或植物朋友，与它静静地待一会，与它交个朋友。也许是高挺拔的大树、不起眼的小花小草，或者是若近若远的蝴蝶……希望通过这种方式，让学员可以懂得尊另一种生命。

活动目标

认知：认知湿地中的 1 种动物或植物朋友。

情意：走进湿地，与伙伴共享湿地之美。

技能：能够通过自然笔记的方式记录 1 种湿地的动植物；与他人分享自己的自然朋友。

活动对象

6~8 岁孩子。

参考时长

90~120 分钟。

唤醒热情

绘制自然朋友

观察自然朋友

分享自然朋友

（五）都市小菜农系列课

该课程让小朋友循序渐进地了解植物生长的整个过程并结合种植过程传播生态环保知识，包括认识种子、学习播种和堆肥、制作环保酵素、制作环保小农具以及认识帮助蔬菜成长的动物朋友们等，通过种植活动让大城市成长的小朋友体验农耕文明，并在生活中践行生态环保。

希望通过丰富的在地体验，重构孩子与自然的联系，激发孩子们主动去关爱环境与万物生灵，加深人与人之间的情感交流，培养对生命的敏感度，塑造完整人格。

活动目标

认知：了解植物不同的生长阶段；了解土壤的形成；了解土壤里的生物与作物的关系；学习如何进行田间管理。

情意：培养对生命和自然的敏感度，塑造人格；通过丰富的在地体验，重构孩子与自然的联系，激发孩子主动关爱环境与万物生灵、加深人与人之间情感交流；通过实际操作，知晓食物的来之不易，从而学会感恩父母和大自然的给予。

技能：学会培育一种植物，从种子到长大成植株；通过观察完成自然笔记，记录种子生长过程；学习如何利用厨余垃圾以及咖啡渣堆肥，或者制作环保酵素。

活动对象

9~12 岁孩子。

参考时长

1 个系列课程 3~5 次，每次 100~120 分钟。

挖红薯

通过绘本了解土壤的故事

认识植物生长过程

播种

咖啡渣堆肥

为豆角搭架子

收获的喜悦

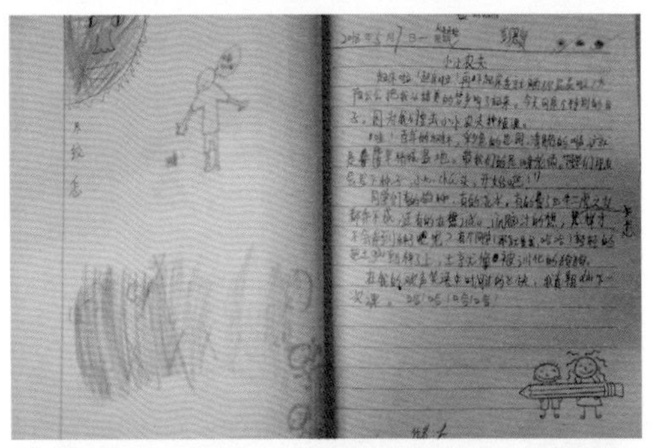

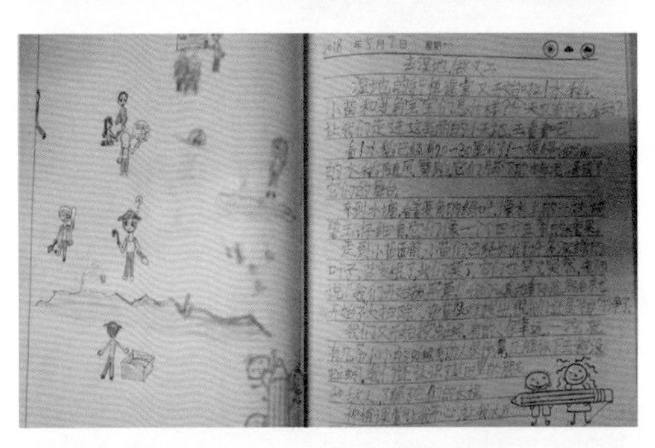

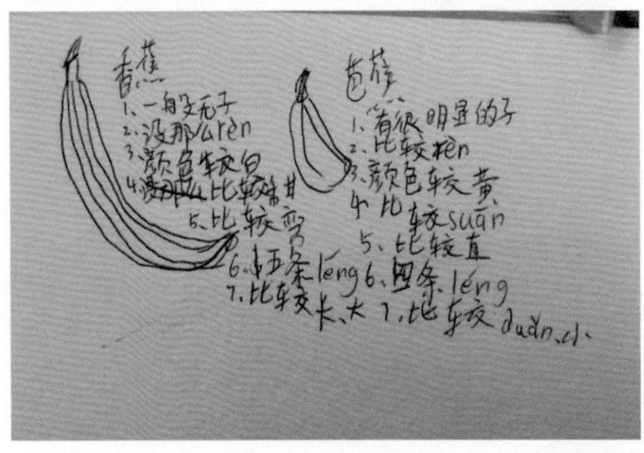

小朋友的自然笔记等课堂作业

（六）小小探索家系列课

本系列课程包含“我的树朋友”“小动物大侦探”“湿地朋友圈”和“湿地的宝藏”4 个活动方案，导孩子们从认识华侨城湿地的植物、动物，到理解它们之间的关系，最后用独特的视角去看待湿地的些生命。孩子们收获的不仅仅是自然科学的知识，更多的是去感受与自然、与他人、与自己的联结。

活动目标

认知：了解身边常见的树朋友；学习发现动物的踪迹；了解湿地生活的植物、动物之间的联系；通艺术的角度发现湿地之美。

情意：通过了解生活在身边的动植物，以及它们之间的关系，能够感受湿地之美、自然之美。

技能: 能够完成不同树叶的分类; 使用放大镜观察动物踪迹; 用自然笔记的方式记录观察到的动植物。

活动对象

6~8 岁孩子或亲子家庭。

参考时长

1 个系列课程 4 次，每次 100~120 分钟。

我的树朋友

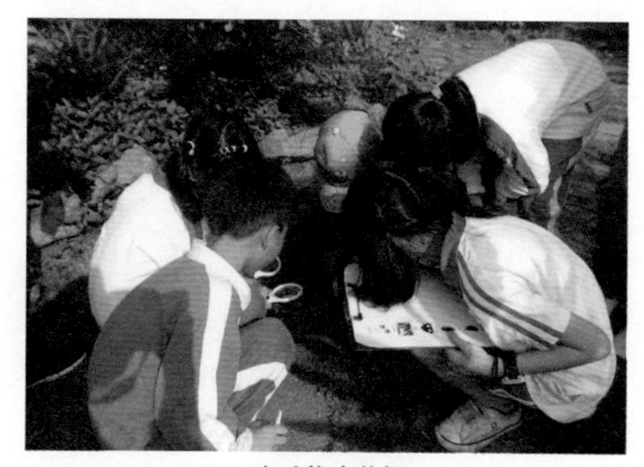
小动物大侦探

湿地朋友圈

湿地的宝藏

1. 我的树朋友

闻闻叶子、摸摸树皮、听听风吹树叶的声音……课堂上，同学们以耳听、触摸、绘画等方式，通过组队寻宝、盲人摸树、树纹拓印、研学分享 4 个环节，在环保志愿教师的引导下，“零距离”感受到了“树朋友”的神奇，提升识别自然植物的能力。

树叶复制

探索树朋友

认识树叶

《自然诗歌——湿地的树朋友》

孩子的想象力和自然相结合的时候，会产生一些美妙的事物，比如，一首来自大自然的诗。在认识了湿地的树朋友后，小朋友回到家中，记录下自己对树朋友的感受。本书摘录了一些分享给大家，跟随这些可爱的诗走进湿地树朋友的世界。

郑博文《春天的树》

我看见了树根，它凹凸不平。

我看见了树叶，它五颜六色。

我看见了树皮，它又粗又糙。

我看见了花，它勃勃生机。

我看见了小草，它冒出了头。

我看见了春天，它露出了可爱的笑容。

谢妍熙《湿地公园的树》

湿地公园的树，

很结实。

像无数支直直的铅笔，

还像一个人。

头上长了很多头发，

挡住了眼睛，

看不到路。

那些花朵的花瓣，

就像是小雨滴。

草像弟弟的头发，

有的地方深，

有的地方浅。

那些叶子，

像脆脆的饼干，

我拿着一支笔、一张纸，

把它们都画进我的画里。

刘子航《大树》

大树啊！你真美丽啊！

你的叶子碧绿碧绿的，像一把美丽的绿伞。

大树啊！你真高大啊！

你的树枝都快长到白云里去了！

大树啊！你真善良啊！

你每天让人们在你的枝叶下面乘凉、躲雨。

大树啊！我们感谢你啊！

我们一定会好好爱护你的！

李泽霖《大树》

一颗小小的种子，

可以长成顶天立地的大树，

好神奇呀！

一片片软软的绿叶，

撑起清爽的绿荫，

好舒服呀！

谢谢你呀，大树！

我带一片绿叶给妈妈，

写出可爱的自然名。

谢谢你呀，大自然！

2. 小动物大侦探

该课堂里，湿地的工作人员与环保志愿教师带领孩子学习了关于动物踪迹的相关知识。让他们懂得，即使你不能与它们面对面，也能从几片被咬过的叶子、一枚泥地里的脚印、一小团粪便或一个废弃的巢穴中找到生活在我们周围的动物的蛛丝马迹。更重要的是让孩子知道只要拥有敏锐的目光、好奇心，一个全新的世界就会开启。

寻找动物踪迹

动物踪迹之粪便

研究非洲大蜗牛痕迹

记录动物踪迹

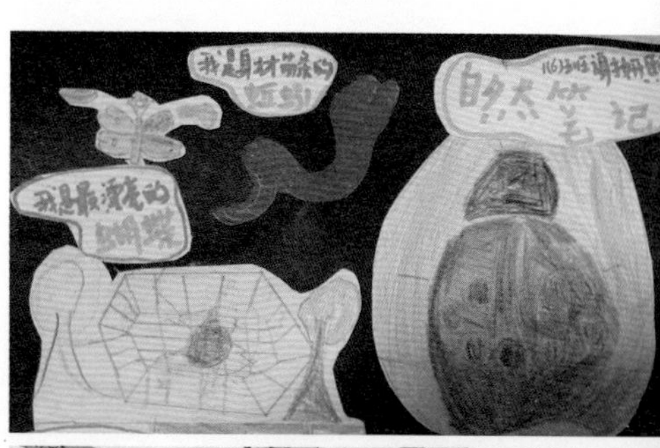

学员作品之自然笔记

3. 湿地朋友圈

孩子们从简单了解湿地的生物开始，然后再去寻找它们之间的关系。在环保志愿老师的陪伴下，分组去探索土壤和小池塘的生态，真正让孩子们了解到万物之间错综复杂的关系。

认识土壤生物

食物链

食物链分享

4. 湿地的宝藏

孩子心中的湿地是什么样子的呢？有大大的太阳和炙热的阳光，有白白的云朵和飞翔的鸟儿，有纟纷的树木与落叶，有千奇百怪的虫子……孩子们认真用自然物拼凑出心中湿地的模样。

湿地的宝藏

自然艺术作品创作

自然艺术作品创作

三、经典案例——认识红树

案例：认识红树（课程简案）

活动主题：认识红树

活动目标：

认知：能够了解什么是红树，以及红树名称的由来；能了解华侨城湿地红树概况；能认识华侨城湿地的4种真红树；能够分辨出不同红树的特征。

情意：能体会红树生长的一生；能体会红树独特之美。

技能：能画出红树局部和整体自然笔记；能观察红树并表达其特征。

受众：8~10岁亲子家庭。

流水学习法：唤醒热忱→集中注意力→直接体验→分享启示。

华侨城湿地自然学校课程研发目标：敬畏、担当、仁爱、觉知、信任。

环节名称	时间（分钟）	地点	主讲人	课程要点	知识背景	环节目标	所需物资	工作职责
入园守则	5	西门	主讲	集合：集合／签到 1. 西门集合，签到。 2. 开场白，主讲和助教自我介绍，介绍活动流程时间。 3. 介绍湿地参观注意事项：请穿长袖衣裤，颜色和湿地环境接近；做好驱蚊准备；讲话轻声细语；不要在湿地公园产生垃圾。	访客守则	—	签到表及笔、驱蚊水1支、小蜜蜂1个（请提前充电）、相机1台（请提前充电）、绿马甲、帽子	助教注意如有参加者迟到，请工作员负责沟通（告诉现在已经开始的流程和要做的事情，并带入队伍）。
洗手间	5	洗手间						
红树与小鸟	10	展厅前空地	主讲	口令：红树、小鸟、台风来啦！	—	唤醒热忱激情	—	助教维持秩序、注意安全。

（续

环节名称	时间（分钟）	地点	主讲人	课程要点	知识背景	环节目标	所需物资	工作职责
我是谁，我在哪儿	20	展厅前空地	主讲及助教分组带领	将学员分成大人组和孩子组。 图册绘画的是秋茄从开花到胚轴发芽的过程（红树胚轴生长过程）。 1. 讲师挨个将图册挂在受众身后，每个人 1 张，自己看不见自己背后的内容。 2. 开始后，大家不能说话，可以相互进行观察，将图册排好顺序（人挂着图册排好队）。 3. 确定后，讲师引导受众思考，根据这个排序的过程，推测、描述自己背后的图片画的是哪个阶段的生长状态。 4. 依次将图片转移到每个人胸前，大家再观察一下排列是否正确，可以进行讨论、调整（队列可以是个圈，寓意生命是循环往复的）。 5. 讲师引导分享启示。	—	集中注意力	图册、夹子	助教注意主讲需求及维持秩序。
背景介绍	15	展厅前空地	主讲	1. 深圳湾变迁历史。 2. 湿地的红树概况。 3. 湿地概况介绍。 4. 红树为什么不红。 5. 红树的定义。	—	集中注意力	展示照片	助教注意主讲需求及维持秩序。
红树自然笔记	30	红树小径	主讲	讲师介绍接下来的环节，并讲清楚规则。 1. 找到自己小组自然物的“主人”。 2. 完成调查工作纸（自然笔记 + 植物访谈，结合五感）：画下来，与你见过的其他植物有什么不一样的地方吗？摸一摸它，感觉如何？为它取个名字（亲子形式：孩子画画，家长文字记录）。 3. 分别观察袋子里的自然物（先触摸，再拿出来观察）。	—	直接体验 惊奇之心	锦囊、 任务单、 写字板 10 份、 彩笔 3 套	主讲讲解规则；助教们负责分发任务单和写字板，并负责分发彩笔维持秩序和拍照。 1. 助教协助学生们理解工作纸内容，提醒时间。 2. 助教提醒无痕原则（保护树苗）。
分享	35	水黄皮旁空地	主讲	分享活动感受（以自愿为原则）	—	分享启示、 坚毅、 敬畏心	图册、 秋茄苗	助教维持秩序，孩子围圈坐下后自由分享。

案例：认识红树（课程详案）

（一）活动简介

<table>
<tr><td>活动名称</td><td colspan="6">认识红树</td></tr>
<tr><td>搭配地点</td><td colspan="2">水黄皮自然教室——红树小径</td><td colspan="2">教育目标</td><td colspan="2">环境观察，启蒙自然美学，
体悟自然万物之美与奥妙</td></tr>
<tr><td>适合季节
或时段</td><td colspan="2">春季、上下午
（实际根据红树开花结果季节）</td><td>时间长度</td><td>100~120 分钟</td><td>适合人数</td><td>20~30 人</td></tr>
<tr><td>适用对象</td><td>8 岁以上亲子</td><td>人力需求与
支持工作说明</td><td colspan="4">1. 主讲 1 名，负责课程讲授与活动带领。
2. 助教 4 名，协助带领小组操作室内或者户外的任务活动与安全维护。
3. 摄影 1 名，负责活动全程摄影，记录志愿者和公众参与活动的影像，并协助安全维护。</td></tr>
<tr><td>搭配领域 /
课程名称</td><td colspan="6">美术领域
自然科学领域</td></tr>
<tr><td>教学目标</td><td colspan="3">【认知】
1. 能够了解什么是红树及红树名称的由来。
2. 能了解华侨城湿地红树概况。
3. 能认识华侨城湿地的 4 种真红树。
4. 能够分辨出不同红树的特征。</td><td colspan="3">【情意】
1. 能体会红树的一生。
2. 能体会红树独特之美。
【技能】
1. 能画出红树局部和整体自然笔记。
2. 能观察红树并表达其特征。</td></tr>
<tr><td>对应能力指标</td><td colspan="6">1. 通过五感体验观察环境中的动植物，感受自然之美，并用多元形式表达自己的感受。
2. 通过亲近自然，从而能尊重和爱自然，并了解自然的多样性。</td></tr>
<tr><td>活动概要</td><td colspan="6">你知道为什么红树明明是绿色却被叫红树吗？在华侨城湿地的苍翠中哪些是红树？
“认识红树”课程为你一一解密。</td></tr>
<tr><td>课程重点</td><td colspan="6">1. 了解什么是红树。
2. 认识湿地的 4 种真红树，并能够分辨它们的不同特征。
3. 户外自然观察，用自然笔记的方式记录红树的局部和整体特征。</td></tr>
<tr><td rowspan="2">所需器材</td><td colspan="2">名称及数量</td><td rowspan="2">耗材经费
概算</td><td colspan="3">名称、数量及经费概要</td></tr>
<tr><td colspan="2">扩音设备 1 个、签到表 1 张、笔 1 支、相机 1 台、绿马甲或帽子 5 套、红树生活史图册 4 册、红树图片 1 套、红树自然物 30 份、写字板 30 份、彩笔 15 套</td><td colspan="3">任务单 30 份</td></tr>
</table>

（二）活动方案

对应目标	活动流程	时间长度	需要器材
●能了解进入园区需要遵守的原则 ●能基本了解今天的活动流程	**【活动一】开场介绍** 简介： 讲师向学员介绍活动流程及时间； 介绍湿地入园注意事项； 介绍当日活动主讲和助教。 活动场地： 华侨城湿地西门门口（避免在车辆人群必经之处）	5 分钟	签到表及笔、驱蚊水 1 支、小蜜蜂 1 个（请提前充电）、相机 1 台（请提前充电）、绿马甲、帽子
●了解红树胚胎成长的一生 ●能了解红树的独特生存策略、繁殖策略	**【活动二】我是谁，我在哪儿** 简介： 将学员进行分组，每组 8 人。 1. 讲师将图册挂在受众身后，每个人 1 张，自己看不见自己背后的内容。 2. 开始后，大家不能说话，可以相互进行观察，将图册排好顺序（人挂着图册排好队）。 3. 确定后，讲师引导受众思考，根据这个排序的过程，推测、描述自己背后的图片画的是哪个阶段的生长状态。 4. 依次将图片转移到每个人胸前，大家再观察一下排列是否正确，可以进行讨论、调整（队列可以是个圈，寓意生命是循环往复的）。 5. 关于红树生活史（红树的生存策略、繁殖策略）进行讨论。 活动场地： 水黄皮自然教室	10~15 分钟	红树生活史图册 4 套（红树胚轴生长过程）
●了解深圳湾变迁历史对华侨城湿地红树生存环境的影响 ●能够理解并记住红树的定义	**【活动三】红树讲解** 简介： 主讲根据深圳湾变迁图片及湿地红树现状图片，向学员讲述深圳湾的变迁对华侨城湿地的生态环境造成的影响，尤其是对原本生活在湿地的红树带来的变化。 然后进入红树的基础介绍，让公众知道到底红树是什么；以及明明是绿色的，为什么被叫红树等。 1. 深圳湾变迁历史：由于城市的发展变迁，很多蜿蜒曲折的海岸线已变成马路和高楼，曾经的红树林也消失了很多。当中国的滨海湿地消失了 57% 的时候，而人们对滨海湿地的认识才刚刚开始。湿地给人类带来了许多福祉，然而湿地的面积却日渐减少。湿地蕴含着丰富的水资源，具有净化水体防洪抗涝的功能，同时也为生活在其中的动植物提供了良好的生存环境。人们的衣食住行都离不开湿地，在此，也号召大家一起来保护湿地，勇于对破坏湿地的行为说不！	10 分钟	红树生活史图册 4 套（红树胚轴生长过程）

（续）

<table>
<tr><td></td><td>2. 湿地的红树概况：华侨城湿地红树植物有 10 科 12 属 13 种（4 种为引进）。其中，真红树植物 7 科 9 属 9 种；半红树植物 3 科 4 属 4 种。
3. 红树为什么不红。
4. 红树的定义。
活动场地：
水黄皮自然教室</td><td></td><td></td></tr>
<tr><th>对应目标</th><th>活动流程</th><th>时间长度</th><th>需要器材</th></tr>
<tr><td>●了解深圳湾变迁历史对华侨城湿地红树生存环境的影响

●能够理解并记住红树的定义</td><td>【活动四】自然笔记
简介：
1. 捡拾 4 种红树的自然物（花、叶子、种子等），每种 3~4 份，分别装进袋子里。
2. 每组家庭随机抽取一个袋子，观察袋子里的自然物。
3. 找到其他和自己是同一种自然物的家庭，成为一个小组。
4. 以小组为单位，寻找抽取到的自然物属于哪种红树，找到后结合五感进行红树自然观察，完成调查任务单（自然笔记 + 植物访谈）。
活动场地：
红树小径</td><td>35~40 分钟</td><td>红树图片 1 套</td></tr>
<tr><td>●能分辨出不同的红树

●能结合五感观察和体验不同红树的特征，并用自然笔记的方式进行记录</td><td>【活动五】分享启示
简介：
1. 学员组内分享各自的自然观察笔记。
2. 组内分享结束后，小组共同完成这棵植物的完整描绘，最后做组间分享，融合组内其他组员观察到的、绘画的，做最后版本的呈现。
3. 讲师点评，并揭晓红树真是名字，并对这 4 种红树进行科普。
活动场地：
水黄皮自然教室（或者室内教室）</td><td>30 分钟</td><td>红树自然物 30 份、
任务单 30 份、
写字板 30 份、
彩笔 15 套</td></tr>
<tr><th colspan="4">教学流程及反思</th></tr>
<tr><td colspan="4"></td></tr>
</table>

教学复盘建议	教学修正

（三）背景资料

1. 基本概念

（1）红树林

红树林是指生长在热带、亚热带海岸潮间带的木本植物群落，通常分布在港湾、河口地区的淤泥质滩涂上，也分布在沙质海滩上。由于生长在潮间带，涨潮时一些低矮的红树植物常被海水浸淹而露出树冠因此，红树林又被称为“海上森林”（引自《海口湿地·红树林篇》）。

之所以叫红树林是因为种类组成以红树科植物为主。因其树皮富含“丹宁”，树皮刮开后氧化变成红色故称“红树”。

树皮刮开后氧化变成红色，故称“红树”

（2）红树林湿地

红树林湿地属于近海与海岸湿地 (滨海湿地），也是南方滨海湿地的典型代表。

（3）红树林生态系统

红树林生态系统是指由生产者（包括红树植物、半红树植物、红树林伴生植物及水体浮游植物）、消费者（鱼类、底栖动物、鸟类、昆虫）、分解者（微生物）和无机环境的有机集成系统。红树林群是地球上最奇妙 、最特殊的生物群落，是陆地向海洋过渡的特殊生态系统。

2. 红树的分布情况

红树林分布在以赤道热带为中心、南北回归线之间，红树林分布很广，通常分为 2 个群系：东方群系和西方群系。东方群系见于亚洲和西太平洋海岸，以马来半岛及其附近岛屿为中心，西方群系见于美洲、西印度洋和西非海岸。东方群系种类多于西方群系种类，随纬度增加，红树植物的种类均减少。

我国红树林天然分布在福建、广东、广西、海南、台湾、香港和澳门等地；广东、广西和海南的红树林面积最大，种类最多。

3. 红树的分类

根据植物在潮间带分布区域的不同，红树林区植物常分为红树植物（真红树）、半红树植物和红树林伴生植物。红树植物和半红树植物的区别在于前者的专一性，后者的两栖性。

红树林区植物类型及鉴别标准（引自林鹏和傅勤，1995）

高等植物类型	鉴别标准
红树植物	专一性地生长在潮间带的木本植物
半红树植物	能生长于潮间带，有时成为优势种，但也能在陆地非腌渍土上生长的两栖木本植物
红树林伴生植物	偶尔出现在红树林中或林缘，但不成优势种的木本植物，以及出现在红树林下的附生植物、藤本植物和草本植物等
其他海洋沼泽植物	虽有时也出现在红树林沼泽中，但通常认为是属于海草或盐沼群落中的植物

4. 华侨城湿地的红树种类

华侨城湿地红树植物 7 科 9 属 9 种，分别为秋茄、木榄、桐花树、白骨壤、海桑、无瓣海桑、老鼠簕、卤蕨、海漆。华侨城湿地有半红树植物 3 科 4 属 4 种，分别为水黄皮、银叶树、黄瑾、桐棉。

（1）秋茄（水笔仔，*Kandelia obovata*）

红树科秋茄属植物。常绿灌木或小乔木，高 3~5 米。树皮光滑无皮孔，灰褐色；主杆基部树皮常脱落；花白色，具短梗。胎生，成熟时胚轴呈绿色和红褐色。

花期：4~6 月。果期：12 月到翌年 3 月。

分布：分布于我国海南、广东、广西、福建、台湾和香港等地的沿海滩涂，在浙江有人工引种。

习性：喜光植物，具一定耐阴能力。可生长于沿海泥质或泥沙质高、中、低潮带滩涂。属非嗜热树种，是我国红树植物中抗寒能力最强的植物，抗盐能力中等。

其他：红树植物也有双胞胎或者三胞胎。和许多植物一样，秋茄果实中含有多枚种子，在种子萌芽过程中，一般仅有其中一枚种子有机会发育，但偶尔也可以看到“双胞胎”，但“三胞胎”的概率可能只有几万分之一。

秋茄的花

秋茄胚轴

秋茄双胞胎

（2）木榄（*Bruguiera gymnorrhiza*）

红树科木榄属植物。常绿乔木或小乔木，高 4~7 米。具膝状呼吸根。树皮灰色至黑色，纵裂痕明显老树呈块状龟裂。皮孔少而大，多集中树基部。树内皮的单宁酸氧化呈紫红色。胎生，胚轴红或绿色，长 11~18 厘米。

花期：全年。果期：4~12 月。

分布：主要分布于我国海南、广东、广西、福建、香港和台湾。

习性：喜光树种。常分布于高潮带淤泥质、泥沙质或沙泥质滩涂上，在海南常与海莲、尖瓣海莲形成混交林。是高潮带主要造林树种之一。

木榄的花

木榄胚轴

木榄

（3）桐花树（蜡烛果，*Aegiceras corniculatum*）

紫金牛科蜡烛树属植物。常绿灌木丛，高度一般小于 2~3 米（三亚最高可达 5 米）；属红树林先锋树种。
皮平滑，红褐色至灰黑色，基部有皮孔。果柱状微弯，呈月牙形，隐胎生。

花期：3~5 月。果期：7~9 月。

分布：主要天然分布于我国海南、广东、广西、福建、台湾、香港和澳门。浙江有人工引种。

习性：喜光植物。具一定的耐阴能力。生长于海岸边高、中、低潮带的淤泥质滩涂上。抗寒能力和
盐能力较强；在 30‰海水盐度的区域可进行自然更新。

桐花树

桐花树的叶

（4）白骨壤（*Avicennia marina*）

爵床科海榄雌属植物。常绿小乔木或灌木，高 2~3 米，最高可达 6 米；树皮灰白色，小枝四方形，
隆起的节。多指状呼吸根，高 10~20 厘米。蒴果近扁球形，果皮灰绿色，成熟时呈黄色，具短柔毛。

花期：4~6 月。果期：7~10 月。

分布：天然分布于我国海南、广东、广西、福建、香港、澳门及台湾等地沿海滩涂。

习性：喜光植物。多分布于沙质滩涂，能在高、中、低潮带生长。抗寒能力较强。抗盐能力强；在
‰海水盐度的海滩上能自然更新。

白骨壤

（5）海桑（*Sonneratia caseolaris*）

千屈菜科海桑属植物。常绿乔木或小乔木，高5~8米；具有发达的笋状呼吸根。浆果扁球形，裂片6片平展，比萼筒长，内面绿色或黄白色。

花果期：几乎全年。

分布：仅天然分布于我国海南的文昌、琼海、万宁等地，海口、三亚有人工引种。广东深圳、珠亦有人工引种。

习性：喜光植物；抗盐和抗寒能力较差，多分布于淤泥质或泥沙质高、中、低潮带滩涂上。生长度较快，是我国自然分布的速生树种。

海桑的果

海桑的花

（6）无瓣海桑（*Sonneratia apetala*）

千屈菜科海桑属植物。常绿乔木，高15~20米。小枝细长下垂，有隆起的节。具有发达笋状呼吸根浆果球形，绿色，成熟时果实明显膨大、褪绿。种子呈“V”字形。

花期：盛花期3~5月，8~10月为少量花期。果期：多6~10月，少12月至翌年2月。

分布：原产孟加拉国和印度。1985年被引入东寨港种植，后在广东、广西、福建和浙江推广。

习性：喜光植物。该树种是高盐度、低潮带滩涂造林先锋树种。目前尚未有研究结果能够明确该种是否对我国原生分布种造成物种入侵，因此不建议大量用于造林，特别是保护区内造林。如有使用应当实施长期的监测和控制扩散方案。

无瓣海桑的果

无瓣海桑的花

（7）老鼠簕（*Acanthus ilicifolius*）

爵床科老鼠簕属植物。常绿直立灌木，高 0.5~1.5 米，最高可达 2 米；茎粗，圆柱状，半木质化，上部有分枝，下部有不定根。蒴果椭圆形，长 2~3 厘米，内有种子 4 枚，种子扁平，圆肾形，淡黄色。

花果期：几乎全年。

分布：天然分布于我国海南、广西、广东、福建、台湾、香港和澳门。

习性：喜光植物。具有一定的耐阴能力。叶片具泌盐功能；抗寒能力和抗盐能力均较强。多生长于中、高潮带林缘或疏林地内，海南岛天然分布的老鼠簕叶片均有硬刺。

老鼠簕的花、果

老鼠簕的叶

（8）卤蕨 （*Acrostichum aureum* ）

凤尾蕨科卤蕨属，多年生草本植物，高 0.6~1.2 厘米，最高可达 2 厘米。根状茎直立，连同叶柄基部；顶端密被褐棕色的阔披针形鳞片。红色孢子囊布满能育羽片背的面网脉上。

分布：主要分布于我国的广东、广西、海南、香港、台湾和澳门。

习性：喜光，且有一定耐阴能力；耐盐能力中等。多生长于海岸带的高潮带、常年积水的低洼草地和水塘边。

繁殖方式：孢子繁殖。

卤蕨

（9）海漆（*Excoecaria agallocha*）

大戟科海漆属植物。常绿乔木，高 2~3 米，稀有更高；枝无毛，具多数皮孔。叶互生，厚，近革质
叶片椭圆形或阔椭圆形，蒴果球形，具 3 个沟槽，长 7~8 毫米，宽约 10 毫米；分果爿尖卵形，顶端具喙
种子球形，直径约 4 毫米。

花果期：1~9 月。

分布：分布于广西（东兴）、广东（南部及沿海各岛屿）和台湾（基隆、高雄、屏东）。

习性：生于滨海潮湿处。

（10）水黄皮（*Pongamia pinnata*）

豆科水黄皮属植物。乔木，高 8~15 米。嫩枝通常无毛，有时稍被微柔毛，老枝密生灰白色小皮孔。羽状复叶长 20~25 厘米；荚果长 4~5 厘米，宽 1.5~2.5 厘米，有种子 1 粒；种子肾形。

花期：5~6 月。果期：8~10 月。

分布：产于福建、广东（东南部沿海地区）、海南。

习性：生于溪边、塘边及海边潮汐能到达的地方。

水黄皮的果

水黄皮的花

（11）银叶树（*Heritiera littoralis*）

锦葵科银叶树属植物。常绿乔木或小乔木，主干通直饱满，高7~10米。树皮幼时银灰色，光滑；
树皮灰黑色，有纵裂痕。每颗果实含种子1枚。

花期：3~7月；果期：5~10月。

分布：主要天然分布于我国海南、广东和广西等地；在福建厦门有人工栽培。

习性：喜光植物。生长于海岸高潮带的沙质或泥质滩涂，也可在无海水淹及的陆地种植。其树型
美，具有较高的观赏价值，多用于滨海园林和湿地公园栽植。具发达的板状根。

银叶树的果

银叶树的花

银叶树的叶

（12）黄槿（*Hibiscus tiliaceus*）

锦葵科木槿属植物。常绿灌木或乔木，高 4~10 米，胸径粗达 60 厘米；树皮灰白色；小枝无毛或近于无毛，很少被星状绒毛或星状柔毛。叶革质，近圆形或广卵形，蒴果卵圆形，长约 2 厘米，被绒毛，果爿 5，木质；种子光滑，肾形。

花期：6~8 月。

分布：产台湾、广东、福建等地。

习性：阳性植物，喜阳光。生性强健，耐旱、耐贫瘠。土壤以砂质壤土为佳。

黄槿的果

黄槿的花

（13）桐棉（杨叶肖槿，*Thespesia populnea*）

锦葵科桐棉属植物。常绿乔木或小乔木，高 8~10 米。主杆明显，树皮灰白色。蒴果球形，灰绿色，熟时黑色。

花果期：全年。

分布：天然分布于我国海南、广西、广东、香港和台湾等地。

习性：喜光植物。多生长于海水少淹及的高潮带或海水无淹及的潮上带沙质泥沙质基质。叶、花和果优美，可用于滨海园林绿化栽植。

桐棉

桐棉的花

桐棉的果

5. 红树林环境特点及红树如何适应特殊环境

生存条件：高温、强光、烈日、土壤缺氧、潮汐冲击……

植物的适应演化出红树植物的四大生态特征：胎生、呼吸器——皮孔、根系奇特、拒盐和泌盐现象。

（1）胎生现象

动物界胎生现象非常普遍，但是在植物界，胎生现象极为罕见，其中绝大多数发生于潮间带植物，最著名的就是红树植物。

红树植物的胎生现象可分为显性胎生和隐性胎生，前者的胚轴伸出果皮逐渐长成幼苗。因此，此类植物的繁殖体不是果实或种子，而是还未长出根的幼苗，通常被称为胚轴。常见的秋茄、木榄等属于此类。桐花树和白骨壤等红树植物的胎生现象属于隐性胎生，它们的胚轴仍留在果皮内，只有在其落地后一段时间幼苗才伸出果皮、插入泥土，开始生根固着。

需要注意的是，并不是所有的红树植物都以胎生方式繁殖后代，在国内的 20 多种红树植物中，超过一半的种类不以胎生方式繁殖后代。

秋茄胎生苗

桐花树的隐胎生

（2）皮孔

植物的皮孔在功能上与人类的鼻孔相似，主要起到吸收氧气和排出废物的作用。

木榄的皮孔

（3）根系奇特

呈网状的表面根可以紧紧地抓住地面；支柱根与板状根起到辅助支撑的作用；呼吸根可以辅助植物吸收氧气。

呼吸根中拥有丰富的气道，白骨壤根中通气组织甚至达到了横切面面积的70%，因此具有很强的输送氧气的能力。

红树的支柱根

海桑的笋状呼吸根

红树的板状根

桐花树的泌盐叶片

（4）拒盐和泌盐现象

①拒盐植物：相对于其他植物，红树植物通常生长在高盐的环境中。红树植物的根系是非常有效的过滤系统，可以将吸收水分中的大部分盐分“过滤”掉。秋茄、木榄等的过滤效率可达99%，因此被称为“拒盐植物”；白骨壤、桐花树等过滤效率相对较低，但是也有90%左右。根系拒盐是所有红树植物避免盐分过渡累积的最重要的机制。

②泌盐植物：对于不得不进入体内的多余盐分，红树植物可以通过盐腺以泌盐、落叶脱盐等方式排出体外。白骨壤、老鼠簕和桐花树等叶片表面具有盐腺，可以主动富集盐分并把多余的盐分排出，这被称为“泌盐植物”。

6. 红树林的生态价值

（1）净化功能

红树林可净化空气和污水，净化海水，避免赤潮。

（2）防护功能

红树林形成的生态屏障可有效抵御海啸和台风等自然灾害；有数据显示，50 米宽的红树林植物可将 1 米高的海浪削减至 0.3 米以下，如果红树林带宽度达 100 米，高度 4~6 米，消浪效果可达 80% 以上（孙莹，2013）。

（3）生物多样性的宝库

红树林是“水鸟的天堂”和“物种的宝库”。红树植物的凋落物在水体中和底泥中分解，形成的碎屑和可溶性有机物为浮游生物、底栖动物提供了丰富的饵料，又间接为肉食性的鱼类和鸟类提供了食物，形成了碎屑食物链、捕食食物链等多样的食物关系。因此红树林是生物多样性的宝库。

（4）基因库功能

红树林是许多生物的理想栖息地，具有丰富的生物多样性，承担着保存物种的重要职责。红树林的根系极为发达，将红树林内部的空间很好地分割开来，可以有效地阻挡大型捕食者。

（5）其他功能

对于候鸟来说，红树林是重要的食物来源场所，所以红树林也承担着作为候鸟迁徙过程中的中转站或是越冬场所的职责。以华侨城湿地为例，园内记录有鸟类 175 种 (2007 年至 2020 年底，数据动态变化）

红树林的净初级生产力与热带雨林相当，固碳量占全球热带森林固碳量的 3%。因此，红树林成为《联合国气候变化框架公约》（UNFCCC）认可的、作为清洁发展机制（CDM）参与碳证贸易的 REDD 碳汇林。目前，众多国际大企业已启动红树林碳汇林的建设。

[注：REDD 指在发展中国家通过减少砍伐森林和减缓森林退化来减少温室气体排放。根据 2014 年全球生态系统服务价值评价，每公顷的红树林生态功能超过 19 万美元 / 年（约合人民币 130 万元 / 年）。

7. 深圳湾红树林变迁

由于城市的发展变迁，很多蜿蜒曲折的海岸线已变成马路和高楼，曾经的红树林也消失了很多。当中国的滨海湿地消失了 57% 的时候，而我们对滨海湿地的认识才刚刚开始。湿地给人类带来了许多的福祉，然而湿地的面积却日渐减少。湿地蕴含着丰富的水资源，具有净化水体防洪抗涝的功能，同时也为生活在其中的动植物提供了良好的生存环境。人们的衣食住行都离不开湿地，在此，也号召大家一起来保护湿地，勇于对破坏湿地的行为说不！

第二节　公益活动

绿色生活，向内包含针对自我的有利于身心健康的绿色生活，向外涉及对他们、对社会、对大自然负责的绿色生活。

——刘华杰

自开园以来，华侨城湿地致力于搭建绿色公益平台，在各级政府单位、公司集团以及社会各界的支持下，携手环保志愿教师开展多元化的绿色公益活动。本节将会介绍华侨城湿地的三大主要类型公益活动：品牌公益活动、环保主题日活动以及大型公益活动。

中国古动物馆馆长王原老师讲述化石和它们背后的故事

一、品牌公益活动

品牌公益活动是华侨城湿地耕耘多年、通力打造的一类型活动。目前华侨城湿地已有自然艺术季、华·生态讲堂两项品牌公益活动。此类型活动的开展依托华侨城湿地的场域资源、人力资源等，在开展形式、开展内容上具有独特性、创意性，且该活动可以展现华侨城湿地品牌思想。通过活动开展，可以将华侨城湿地的理念向公众进行有效传递。

（一）“零”感源自然——自然艺术季

2018 年，着眼于生态文明宣传教育，华侨城湿地自然学校联动深圳市生态环境局南山管理局、深圳市南山区教育局，以“零”感源自然为主题，创办华侨城湿地品牌公益活动——华侨城湿地自然艺术季。该艺术季囊括自然艺术装置制作大赛、自然艺术工作坊、艺术家分享会以及亲子自然课堂等多种形式活动。3 年来，间接影响人次超千万。

活动扎根于华侨城湿地，重视公众参与，融入零废弃等环保理念。打造人与艺术、自然的对话空间，探讨人与自然的关系，让更多人以更多样的方式亲近自然，参与环境保护。

自然艺术季装置作品《生如夏花》——杨洋

艺术装置制作中

《生命的栖息地》设计稿

《生如夏花》设计稿

（1）自然艺术装置大赛

“零”感源自然，灵感源于自然。作为自然艺术季的系列活动之一，自然艺术装置大赛号召深圳各小学生利用石头、树枝、树叶、芦苇、羽毛、果实、竹竿、贝壳等自然素材制作出能展现艺术美感、递环境关怀的自然艺术装置。最终的成果将安放于华侨城湿地的“零之路”上，向更多的公众传递“零弃”的环保理念，让更多人以更多样的方式亲近自然，参与环境保护。

本活动面向在校学生开展，以团队形式组队报名，每队人数 4~6 人（不包含指导老师或家长）。具要求参赛团队以“零”感源自然为主题，提倡以自然物为材料创作出融于自然、在自然中可降解的自艺术作品，期望大家能够感受自然的美，感受自然的“零”，并将环保的理念带到生活中，支持零废弃，创新的模式积极参与美丽深圳垃圾减量。唤醒人类尊重自然、关爱生命的意识和情感。

随着活动的不断开展，该活动受到了大众的关注，参与人数不断攀升。2018 年，第一届“零”感自然自然艺术装置制作比赛，从征稿到现场制作安装完成，历时 1 个多月，公众阅读关注量达 6 万人。共 22 组作品进入现场制作环节，包含 16 个学校，共 150 人参与其中，最终共 21 组完成现场安装。019 年，为期 3 个月的第二届“零”感源自然自然艺术装置制作比赛，共有 12 所中小学校参加，19 支赛团队，完成自然艺术作品 22 件。2020 年，闻讯报名参赛的队伍已从南山区扩大至全市范围，共有自 23 所学校、机构的 31 支团队参加比赛。活动以建设 “无废城市”为契机，从环境教育和艺术创作手，旨在用生动立体的体验方式向市民宣传环境保护的紧迫性和必要性，引导市民参与城市可持续发建设，持续推进固体废弃物源头减量和资源化利用。

2019 年《安乐窝》[深外国际（SWIS）]

2019 年《洄游》（深圳贝赛思国际学校）

2019 年《越鸟春歌》（南海小学）

2019 年《鸟巢秋千》（深圳贝赛思国际学校）

2019 年《糖果之梦》（华侨城小学）

2019 年《鹭鸟》（深圳市南山区育才第二小学）

（2）自然艺术工作坊

自然艺术工作坊面向 7 岁以上的亲子或成人开放报名，将自然艺术的创作方法分享给参与的公众，从最简单易行的方法开始，引领大家用心、用艺术的眼睛去湿地公园发现曾经视而不见的自然之美，尝试在其中找寻规律。在与自然的互动中，捕捉灵感，通过艺术的方式与自然进行互动。探索自我与环境、自然的关系，找寻属于自己的艺术、创意之源。

亲子共同完成艺术创作

小朋友们正在用自然物进行艺术创作

学员作品《你和我》

公众正在参与自然艺术工作坊的活动

（3）艺术家分享会

艺术家分享会作为华侨城湿地自然艺术季的主要模块之一，面向 7 岁以上的亲子或成人开展，旨在通过邀请艺术家以讲座的形式，向公众分享自然艺术是什么，它与其他的艺术形式有什么不同，艺术家们如何进行自然艺术的创作等，让公众更加了解自然艺术，从而引发观众思考如何重构自我和自然的关系。

张凯琴老师分享“自然艺术小旅”主题讲座

杨洋老师向公众分享自然色彩之美

自然与色彩的碰撞

（4）亲子自然课堂

结合每一期自然艺术季主题，华侨城湿地自然学校为 6 岁以上的亲子家庭开设不同主题的自然课堂，以自然为媒，以艺术为界，让小朋友和家长能通过自然课堂的形式参与到华侨城湿地自然艺术季的活动中去，了解华侨城湿地，体验华侨城湿地的自然之美，并在过程中向公众传递零废弃理念。

参观湿地

课堂手工制作

（二）华·生态讲堂

华侨城湿地相信，只有热爱自然、欣赏自然、尊重自然，意识到环境保护与自身的密切关系和重要性
才会愿意自觉地参与保护自然环境，成为美好环境的守护者、捍卫者和拯救者。

从 2016 年 1 月开始，在深圳市规划和自然资源局野生动植物保护管理处的支持下，华侨城湿地与
深圳市华基金生态环保基金会合作，开展“华·生态讲堂”。湿地每月邀请来自国内外的政府管理部门、
研究机构、自然环保领域和公益界的资深专家，在轻松愉悦的环境中深入浅出地带领公众了解自然，传
播生态文明理念。

自 2016 年 1 月至 2020 年 12 月，“华·生态讲堂”已经举办 56 期活动，有过万人次直接参与。从
2018 年开始，每期生态讲堂开启在线直播，为超过十万位不在现场的自然爱好者传递了讲堂的知识。华·生
态讲堂为城市里的公众提供一个接触自然的好去处，提供听取知名专家的自然知识科学普及的机会。希
望人们在生活中，对身边的自然多一份关注，多一份爱护。

2016 年 1 月，深圳历史与自然研究者南兆旭老师分享《自然的滋养》

2016 年 8 月，台湾周儒教授介绍自然教育理论知识与

2017 年 7 月，王西敏老师分享《热带雨林里的缤纷生命》

2017 年 11 月，环境保护部宣教中心贾峰主任带大家解读生态文明

018 年 3 月，陈克林主任分享湿地与气候变化的故事

2018 年 11 月，科普作者严莹老师讲述昆虫的行为与生存故事

019 年 8 月，北京麋鹿生态实验中心研究员以及北京动物学会科普委员会主任郭耕分享《观鸟简史》

2019 年 11 月，张劲硕老师分享动物行为趣谈

20 年 6 月，马广仁主任分享湿地作为地球之肾的重要性

2020 年 10 月，张梁老师和大家分享勇攀高峰、超越梦想的故事

二、环保主题日活动

环保主题日活动是华侨城湿地每年生态环保宣传活动中的重要部分。在新一年到来之际，湿地团
会对该年度的环保主题日进行盘点，完成该年度宣传日日历。同时，对应环保主题日进行海报、视频制作
并筹划重大环保主题日宣传活动。

（一）世界湿地日

自 2014 年成立以来，华侨城湿地自然学校每年联合社会各界力量共同开展“世界湿地日”活动，希望让更多公众，尤其是学生，能够了解湿地，感受湿地的美好，更深入意识到湿地的生态价值与意义，从而引发一些爱护环境的行动。

2015 年世界湿地日，华侨城湿地自然学校联合深圳市城市管理局、深圳市华基金生态环保基金会
展湿地主题日活动，邀请亲子家庭参与湿地各种自然体验活动，通过切身体验，让家长与孩子了解湿
与人类紧密的关系，学习如何保护湿地生态。

2016 年，华侨城湿地自然学校“华·生态讲堂”在世界湿地日活动这天首次开讲。本次湿地日邀
到了深圳知名环保人士南兆旭老师作为首课主讲讲师，主题是“自然的滋养”，围绕《深圳自然笔记》，通过幽默风趣的形式，让听众体验湿地之美、学习湿地知识、了解湿地保护所面临的挑战、学习并参
保护湿地。

2017 年世界湿地日，国家湿地科学技术专家委员会委员廖宝文先生来到华侨城湿地自然学校讲述
树林的故事。红树林群落是地球上最奇妙、最特殊的生物群落之一，人们也常常将其誉为“海岸卫士”。廖老师发出倡议希望参加活动的公众能够通过对红树林的了解，真正地做到保护湿地，减少自然灾害。

2018 年世界湿地日，首都师范大学生命科学院教授洪剑明先生来到华侨城湿地自然学校开讲。洪
师分享多年来从事湿地保护及湿地鸟类保护的精彩故事，为公众带来一场别开生面的湿地课堂，提升
众意识，一同用传播的力量改善地球未来。

2019 年世界湿地日，华侨城湿地自然学校响应“湿地——应对气候变化 ”活动主题，通过开展
普小站摊位游戏，向公众进行湿地知识科普，引导公众意识到气候变化与湿地息息相关，保护湿地，
是保护人类的未来。

2015 年，公众聆听湿地的故事

2016 年，志愿者带领公众体验互动游戏

2017 年，廖宝文老师讲述红树林的故事

2018 年，洪剑明老师体验自然创作

2019 年，孩子们在游戏的过程中了解湿地

（二）爱鸟周

2015 年至今，每年“爱鸟周”到来之际，华侨城湿地自然学校都会联合深圳市城管局等政府单位和环保组织，向 6 岁以上的公众开展鸟类科普活动，引导受众如何以正确的方式探索鸟类，与它们和谐共处。

通过开展大咖公益讲座、观鸟体验、自然游戏等多种形式的活动，向公众展示华侨城湿地可爱的鸟类，科普鸟类知识，培养公众对鸟类的关注与喜爱，也让更多的人了解华侨城湿地为维护这片候鸟中转站、留鸟栖息地所做的巨大努力。

用落叶制作的鸟类

志愿者讲解鸟类知识

环保志愿教师引导孩子在湿地观鸟

鸟类猜谜游戏，让公众认识深圳常见鸟类

（三）世界地球日

每年的 4 月 22 日是世界地球日，是一项世界性的环境保护活动。活动宗旨是为了唤起人类爱护地球保护家园的意识，促进资源开发与环境保护的协调发展，进而改善地球的整体环境。

2015年，华侨城湿地自然学校结合世界地球日，推出保护红树林主题活动。公众通过“红树林的科普小课堂”“保护秋茄大作战”等主题活动，去认识和了解红树林的作用和意义，培养公众对环境、对地球的关爱意识。公众在地球日活动中领养“红树宝宝”，带回家培育。等养到可以抵御风吹日晒后，再重新种在华侨城湿地，送回到大自然的怀抱里。华侨城湿地自然学校希望通过这种体验，引导公众亲近自然，接触自然，领略大自然的魅力，从而让公众迸发出“保护地球，从我做起”的行动意识。

2021 年 4 月 22 日，广东深圳华侨城国家湿地公园挂牌仪式暨世界地球日宣传活动于华侨城湿地举行活动通过诗歌朗诵、舞蹈等表演形式向公众传达地球生物多样性的奇妙美丽。现场的领导嘉宾上台为学生们戴上自然铭牌，从取一个自然名开始，建立人与自然、人与地球的联结。当日还举行了自然体验嘉年华，“种子的声音”“地球倡议”等多个摊位体验游戏引领公众走进自然、观察自然、呵护自然。

2015 年，送红树回家

2021 年，公众参与自然体验嘉年华

2021 年，嘉宾为学生戴上自然铭牌

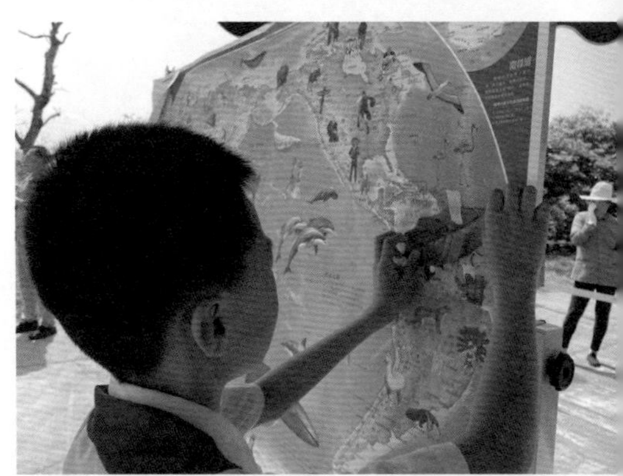

2021 年，孩子写下保护地球母亲的倡议

（四）国际生物多样性日

生物多样性是人类赖以生存和发展的基础。经过多年的修复治理，华侨城湿地已经成为超过 800 种
植物的栖息地（截至 2020 年底）。为了能够向公众传达保护生物多样性的重要性，鼓励公众走进自然，
索力所能及的呵护自然的方式，华侨城湿地于每年 5 月 22 日，面向社会公众，开展国际生物多样性宣
活动。

2019 年，以“保护生命绿洲，共享多样之美”为主题的“国际生物多样性日”活动在华侨城湿地自
学校展开。此次活动由深圳市生态环境局主办，深圳市生态环境局南山管理局、华侨城湿地自然学校
办，旨在广泛普及生物多样性知识，号召公众提高对保护生物多样性重要性的认识，增强对保护生物
样性问题的关注。

2021 年 5 月 22 日，华侨城湿地自然学校举行了“呵护自然，人人有责”主题活动。本次活动的自
体验嘉年华包括了红树主题、鸟类主题以及种子主题的互动游戏。此外，活动还通过举办自然影片欣赏、
保倡议、参观自然艺术季作品等方式让学生们进一步增强全民保护生物多样性的自觉性以及参与度。

活动的开展旨在让公众了解什么是生物多样性，为什么需要保护生物多样性。希望大家都能够意识
生物多样性是人类生存的基础，也是衡量一个地区生态环境质量和生态文明程度的重要标志。

2019 年，孩子们在活动中认识湿地鸟类

2019 年，南兆旭老师分享深圳的生物多样性

2019 年，学生们在参观华侨城湿地生态展厅

2019 年，国际生物多样性日启动仪式

2021 年，自然影片观赏

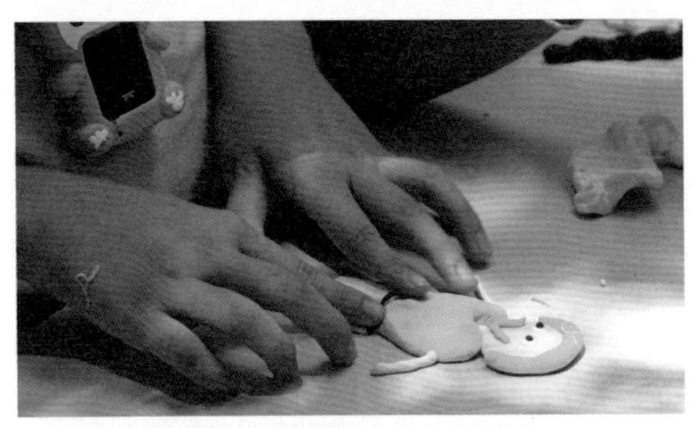

2021 年，公众体验软陶科普小站

2021 年，公众参与自然体验嘉年华

（五）世界环境日

每年的 6 月 5 日是世界环境日，为了更好地传播环境保护的理念，华侨城湿地自然学校都会积极
身于环境公益宣传活动中。

2016 年，华侨城湿地举行 2016 年“六·五”世界环境日宣传月活动暨生态文明建设系列奖项颁授仪式
深圳市常务副市长、市委宣传部、市生态环境局、各区人民政府等领导及市民代表、学校、企业代表
进行了现场参与。

2017 年，深圳市南山区 2017 年生态文明宣传教育暨“六·五”世界环境日主题活动在华侨城湿
公园举行。该活动确定了“共建生态文明，共享绿色时尚”的世界环境日主题，并围绕这一主题，组
开展了一系列环境公益宣传活动，包括“零废弃自然艺术季”活动、生态文明进社区系列活动、绿色
列创建活动等。

2018 年，以“美丽南山，我是行动者”为主题的“六·五”世界环境日主题活动，在南山文体中
广场举行。华侨城湿地 2018 年“零”感源自然的自然艺术装置比赛颁奖仪式也在活动中完成。颁奖仪
后的“零”感源自然的自然艺术装置图片展、环保嘉年华活动等活动吸引了许多公众的关注。

2020 年，深圳市“六·五”环境日宣传活动启动仪式在广东深圳华侨城国家湿地公园举行。深圳市市长陈如桂、副市长黄敏以及华侨城集团董事长、党委书记段先念等领导出席了本次活动。活动现场，嘉宾们按铃开启深圳市中小学“我们的环境日”生态环境系列主题网课；为环保诚信企业、环境教育基地、绿色学校、绿色社区、绿色企业、绿色家庭、自然学校和环保志愿教师颁奖，并进行了国家自然学校手牵手行动授旗仪式。

一直以来，湿地团队在世界环境日宣传活动中，通过多种方式向社会和公众广泛传播“绿色生活”的理念，号召社会公众积极参与生态环境保护，自觉践行绿色低碳的生活方式，共同建设生态宜居的美好家园。

2020 年，嘉宾们按铃开启深圳市中小学“我们的环境日”生态环境系列主题网课

2016 年，世界环境日活动现场

2017 年，世界环境日互动体验环节

2018 年，世界环境日活动——自然艺术装置图片展

2020 年，国家自然学校手牵手行动授旗仪式

三、大型公益活动

自开园以来，除了已经形成的华侨城湿地品牌的宣传活动及具有代表性的环保日主题活动外，华侨城湿地积极联动社会各界，包括集团内部、政府单位、公益组织等，响应号召、呼应热点，开展多类型的公益活动。本部分将会介绍自开园以来，湿地联动各界，涵盖爱国爱党、生态环保、乡村公益、科研交流等多种类型的大型公益活动。

（一）自然梦想家

2013 年，在党的十八大精神指引下，在“中国梦·生态梦”的感召下，在华侨城湿地修复初见成效的鼓舞下，华侨城欢乐海岸在全国范围内率先构想了“中国梦的使者”公益活动。这是央企首创的大型寻找公益活动，由此拉开了华侨城欢乐海岸自然梦想家系列活动的序幕。华侨城湿地作为自然梦想家系列活动的重要开展地点之一，积极配合响应活动主旨，推动活动顺利开展。

2013 年“中国梦的使者——寻找中国最美滨海湿地守护者”，第一次生态发声，创新社会公益模式。

2014 年“中国自然使者行动”，一本书，一堂课，一场全明星跨界组合的公益行动。

2015 年“自然梦想家特别行动——公益升级　梦想众筹”，献礼华侨城 30 周年。

2016 年“自然梦想家特别行动——弃物意境”，自然 + 艺术，废弃物再造美学意境。

2017 年“自然梦想家特别行动——你好！邻居”，强有力生态对话，构建与世界沟通的语言。

2018 年“自然梦想家特别行动——看见生命”，我生活在广东，我不吃野味。

2019 年“自然梦想家特别行动——自然是我们”，传递人人都是自然梦想家理念。

2020 年“自然梦想家特别行动——做喜欢的事，持续环保”，从生活出发，从小事做起，将环保的概念根植于日常。

2013 年到 2020 年，自然梦想家活动足迹覆盖十余个城市，有 400 万多人次参与，获得了超 100 家媒体报道的 2000 万曝光传播量，并获得了自然书籍、自然绘本、自然歌曲、自然教材等强有力的成果输出。

自然梦想家活动现场

自然梦想家亲子工作坊

自然梦想守护者授奖仪式

（二）凤凰花嘉年华

OCT 凤凰花嘉年华是华侨城集团利用遍布深圳多个区域的城市公共开放空间开展的城市级艺术节庆活动。2016 年，首届 OCT 凤凰花嘉年华开展。该活动以深圳华侨城为起点，主题为“让生活变成一场节日”，活动主旨是为市民打造一场充满生活与艺术气息的节日，表达人们对美好生活的永恒追求。之后，凤凰花嘉年华不断围绕自然、城市、人开展主题活动，以公众艺术、公众参与、人文论坛自然音乐、亲子教育等多元形式，探讨人与自然的关系，将城市中的人与自然联结在一起。

华侨城湿地作为 OCT 凤凰花嘉年华的战略合作伙伴，是凤凰花嘉年华开展的主要场所之一。华侨城湿地开展自然课堂，进行手作、艺术创作等，带孩子们走进自然，观察自然，感受一切自然的美好，在传递了零废弃的理念的同时提升华侨城湿地、自然保护的关注度。

在嘉年华创意市集中推广湿地环保理念

在生态广场感受自然与艺术的结合

走出湿地，在甘坑客家小镇开展亲子课堂

在光明欢乐田园开展亲子体验活动

（三）国际植物学大会

国际植物学大会是植物科学领域水平最高、影响最大的国际会议。它拥有悠久的历史，第一届大会于 1900 年在法国巴黎举办。大会每 6 年举办一次，2017 年，第 19 届国际植物学大会是第一次在发展中国家举办，由中国植物学会和深圳市人民政府共同主办，以“绿色创造未来”为本届国际植物学大会的主题，共同促进和推动中国的绿色发展。

大会倒计时 100 天（2017 年 4 月 15 日），在中国共产主义青年团深圳市委员会、深圳市城市管理和综合执法局及深圳大学的支持下，深圳大学的志愿者们热情参与，本届大会的志愿者动员大会在华侨城湿地顺利召开。

本次志愿者动员大会旨在动员广大志愿者积极投身国际植物学大会志愿服务，营造浓厚的工作氛围，推动国际植物学大会志愿服务各项工作深入开展，帮助志愿者对国际植物学大会进行更全面深入的了解，也让志愿者心中多一份荣誉感和使命感。

动员大会以植树环节作为结尾，第 19 届国际植物学大会志愿者动员大会圆满结束，也为湿地留下了一片具有深刻意义的纪念林。

华侨城湿地环保志愿教师带领国际植物学大会志愿者参观华侨城湿地生态展厅

国际植物学大会志愿者合影

（四）美丽中国

“美丽中国”成立于 2008 年，是一个专业化教育非营利项目。项目每年招募优秀青年人才，输送到我国教育资源匮乏地区，进行为期两年的支教服务，为中国教育均衡化发展探索新途径，希望让所有中国孩子都能获得同等优质教育。

为了让更多的孩子感受城央湿地的魅力，2015 年，华侨城欢乐海岸两次邀请“美丽中国”广东团队师生来到华侨城湿地自然学校，开启一段奇妙之旅，让“公益与公益”碰撞出无限的火花。

2016 年 9 月，华侨城湿地自然学校与深圳市观鸟会主办的观鸟活动正式开始，“美丽中国”的老师和同学们受邀成为第一期的团队。师生们一同游览了华侨城湿地生态展厅并在湿地园区内体验观鸟。同年，为了让更多“美丽中国”的孩子们和项目老师参与到学习交流中来，华侨城湿地自然学校的环保志愿教师走进“美丽中国”广东地区潮汕项目学校中，带上自然课程和自然学校的理念，到项目学校中进行实地交流与分享，并发放提前向深圳市民征集的近 400 本课外书籍。

2017 年，来自美丽中国云南的师生来到华侨城湿地体验“生态导赏课程”之“小侦探活动”，为他们的深圳学习之旅留下一幕绿色环保的回忆。

湿地团队希望通过“美丽中国”系列活动，传播华侨城湿地自然学校的教育理念，共同推动教育教育事业的发展。

学生参观完华侨城湿地后画下每一位老师的画像（2015）

孩子们和湿地志愿者们一起表演（2015）

孩子们在华侨城湿地体验自然（2015）

湿地工作人员和志愿者去到潮汕给孩子们上课（2016）

志愿者带孩子们进行自然体验活动（2016）

孩子们在湿地盲行（2017）

（五）青少年环保节

2018 年 4 月 14 日，华侨城湿地自然学校的工作人员和环保志愿教师，来到少年宫开展青少年环保节活动。活动中志愿教师们通过生动有趣的讲座和互动游戏，让小朋友们在玩耍中学习环境友善的理念，培养他们保护环境的意识。

华侨城湿地自然学校的环保志愿教师老虎（熊小锐）老师的“为绿色地球添砖加瓦”讲座，教会大家如何将日常生活中废弃的塑料瓶和塑料薄膜变成凳子。小溪（陈翠）老师带来的“把红树宝宝领回家”讲座为大家介绍了红树的五大生存法宝，并教给大家如何种植秋茄“宝宝”。

华侨城湿地希望通过简单的活动体验，能够让孩子们对自然感兴趣，以后也愿意来到华侨城湿地参加更多的自然教育活动；同时也让更多的人知道华侨城湿地自然学校在为环境保护做出的努力。

在深圳青少年宫开展自然小课堂

自然小课堂现场互动

环保志愿教师带领小朋友现场变废为宝

自然小课堂现场互动

（六）山竹台风艺术活动

2018 年 9 月 16 日，深圳遭遇 17 级的超强台风“山竹”的侵袭，造成市内大量树木倒伏、建筑毁坏、公共基础设施受损，整座城市都感受到大自然的威力，华侨城湿地在台风期间也受到了很大的冲击。深圳市城市管理局联合华侨城湿地、市绿化管理处、握手三零二艺术中心，开展灾后科普宣传活动，组织市民以创意方式美化残留的大树。

本次活动由“自然讲堂”和“自然体验工作坊”两个系列，共五部分内容组成，包括气象知识讲座、城市抗灾和绿化管理讲座、树木循环利用工作坊、树枝彩绘工作坊和树干彩绘工作坊，有近百组家长和孩子们参与到活动中来。

本次活动是针对时下热点情况开展的大型公益活动，通过讲座和工作坊，参与的公众学习气候变化与台风、城市抗灾、绿化管理及树木循环使用的知识，从而引发公众对城市生态建设的思考和探索。该活动于人民网、搜狐新闻网、南方都市报、深圳特区报等 19 个媒体平台同步报道，同时，华侨城湿地公益平台得到广泛的宣传。

用倒木制作步道

山竹台风自然讲堂

倒木变废为宝

用倒木制作自然艺术装置

（七）深圳自然教育嘉年华

2019 年 3 月，粤港澳大湾区 2019 深圳花展开幕，“自然教育在身边——深圳市自然教育嘉年华”也同期开幕。包括华侨城湿地在内的深圳市 18 家本地自然教育机构联合上演一场聚焦乡土动植物的嘉年华活动。

现场，湿地团队展示了零废弃作品、自然教育教材，并通过鸟主题自然游戏带领公众解密深圳常见鸟类有趣故事，期望让更多的人能从了解鸟类开始，观察我们身边的自然，从而热爱自然，产生亲环境行为。

了解华侨城湿地常见鸟类

体验华侨城湿地自然游戏

（八）世界森林日主题宣传活动

2021 年 3 月，由深圳市规划和自然资源局主办的“2021 世界森林日主题宣传活动”正式启动，主会场设在深圳市莲花山公园风筝广场。华侨城湿地受邀参与本次大型公益活动。

在展区内，湿地团队进行了自然教育相关内容的展出，包括华侨城湿地概况、华侨城湿地自然学校特色课程、自然艺术季优秀作品、优秀出版物等。同时，进行了湿地特色宣传衍生品的初次售卖。环保志愿教师们向公众进行物种科普，号召大家亲近自然、融入自然、与自然和谐共生。

向公众介绍红树植物

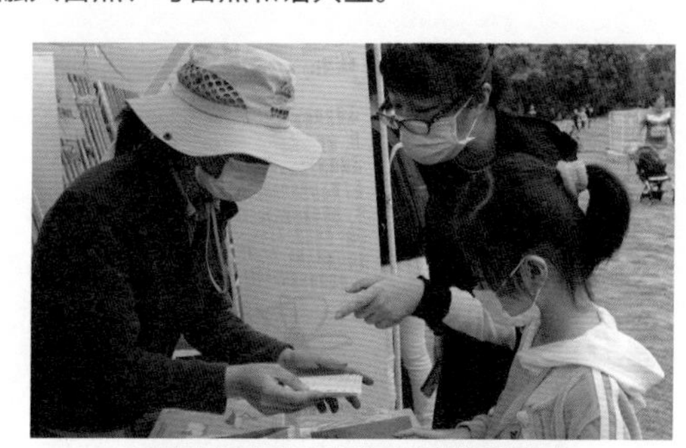

活动现场向公众宣传华侨城湿地理念

环保志愿教师向公众介绍红树

公众认真观看展出内容

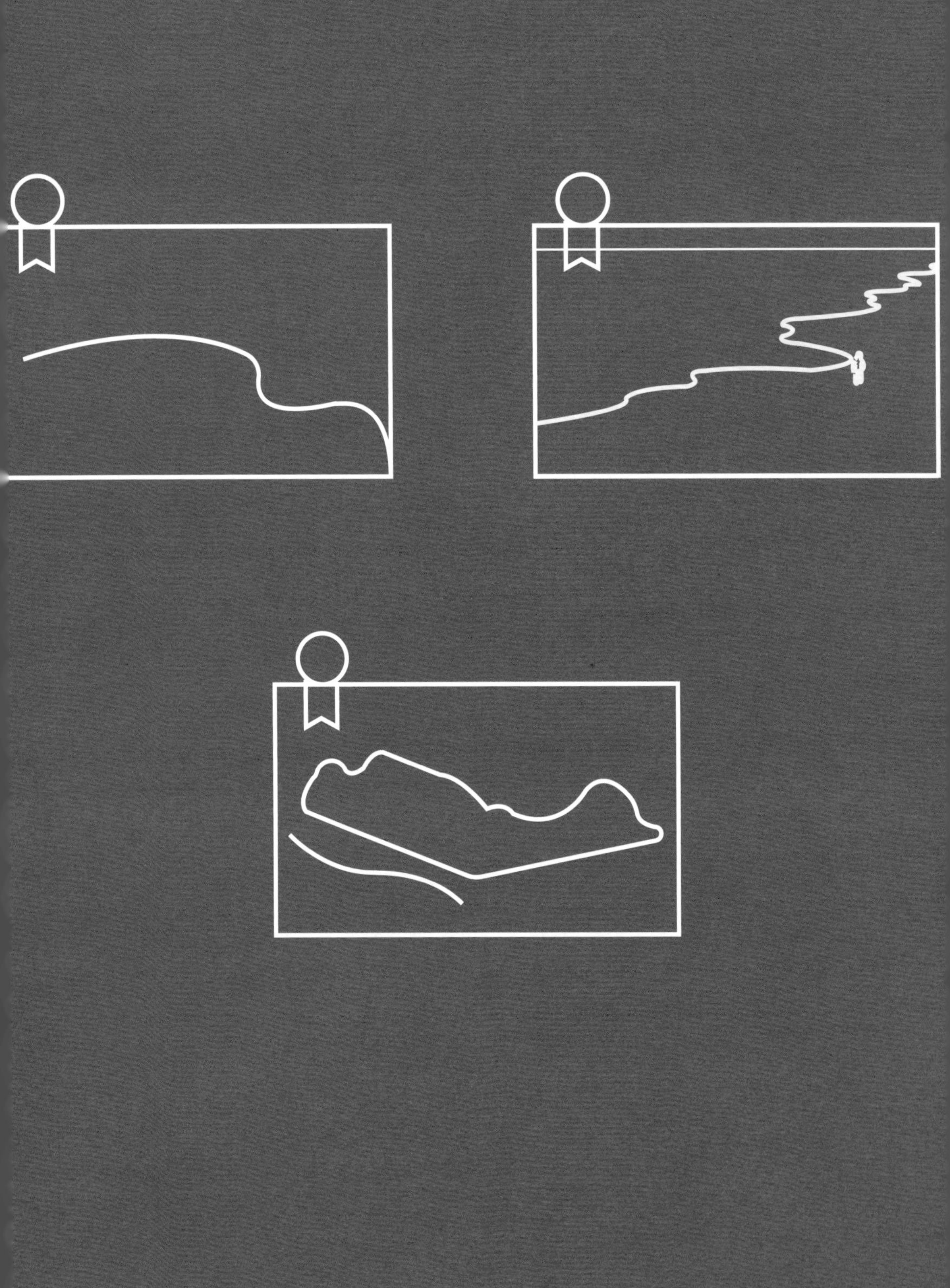

第六章
春华秋实

十余年来，在华侨城集团的努力之下，华侨城湿地无论是生态环境，还是自然教育方面，都已取得累累硕果。“春发其华，秋收其实。”如今，该是收获的季节。

华侨城湿地从量变到质变的发展，践行了“绿水青山就是金山银山”的发展理念，打造了自然教育新名片，吸引力和影响力正在不断增强。这块横亘于城市中央的“绿翡翠”，已被多家媒体关注报道，也逐渐成为公众关注的焦点。

第一节　华侨城模式

世界上最快乐的事，莫过于为理想而奋斗。向那些为了实现梦想而不懈努力的人们致敬！

——苏格拉底

华侨城湿地自然学校整合 7 年自然教育成果，通过一系列的培训输出，发扬深圳中国特色社会主义先行示范区的开拓精神，传播自然教育理念、培育自然教育人才、提升自然教育水平，将自然教育的种子撒满全国各地。

第一，通过对一系列的优质教育教程和志愿者培训课程进行梳理、整合，形成教材。第二，将系统的湿地生态学习和自然体验教学带入正规教育，带领学生从课堂走入自然、进行体验、探究式的学习，填补传统教育中“自然缺失”部分。通过校—校合作，迸发教育的新动力。第三，以教育培训为契机，培养自然教育专业人才，促进国内自然教育事业发展。第四，以华侨城湿地为范例，传播湿地自然教育工作经验，鼓励接受培训的学员成为自然教育的传播者，把所学运用到实际工作中。

我们期待着自然教育的种子乘着东风，从华侨城湿地出发，传到祖国各地，让更多的孩子们受益。

一、凝聚教育精华，产出教育教材

2014 年初，《华侨城湿地知多少》成为自然学校第一套自然解说教材。同年，华侨城湿地自然学校与碧海小学合作，共同研发校本教材《小学湿地》，积累了《小学湿地》课程实践经验，让湿地课程走入更多的校园，将学生们从课堂邀请进大自然，在自然中体验、感悟与学习，让更多学生受益。

2015 年，华侨城湿地自然学校与福田区教科院合作，共同研发课程《我的家在红树林——深圳湿地文化课程系列》小学低阶、小学高阶和初中 3 本教材，在 2016 年完成出版。用拟人的手法引领孩子与湿地的精灵一起走进湿地，认识湿地里的居民，了解红树林湿地的生态系统知识，以探究式的学习方式了解湿地的生态意义。2019 年，获广东省教育科学成果奖（基础教育）一等奖。

2015—2017 年，湿地先后推出《华侨城湿地知多少》《城央“滨”fun 自然课》《城央滨海湿地守护者》《自然学校指南》《一个梦想，从零开始》《华侨城湿地生态修复示范与评估》《华侨城湿地生态状况绿皮书》《黑水鸡真一》绘本等具有湿地本土特色的教育系列丛书。

2019 年，华侨城湿地推出华侨城湿地自然学校系列丛书 3 本。《解说我们的湿地——华侨城湿地自然研习径解说课程》这本书，讲述了发生在华侨城湿地自然学校长达 2.5 千米的自然研习径上的故事。通过对历史的回顾和对动植物的介绍，从湿地守护者的角度，让公众重新了解湿地的前世和今生，以及每位湿地守护者对自然教育的认真执着。《情意自然教育体验课程（1~3 年级）》和《情意自然教育体验课程（4~6 年级）》运用了情意自然教育的精神理念，糅合中国的二十四节气、本土民间节日、自然五行、五德的概念。《从一片滩涂到自然学校——华侨城湿地自然学校教育体系》对华侨城湿地教育体系进行优化整合，将自然教育课程、志愿者培训、品牌公益活动、生境运营管理中的教育元素整合，形成一套完整的教育体系教材书籍。

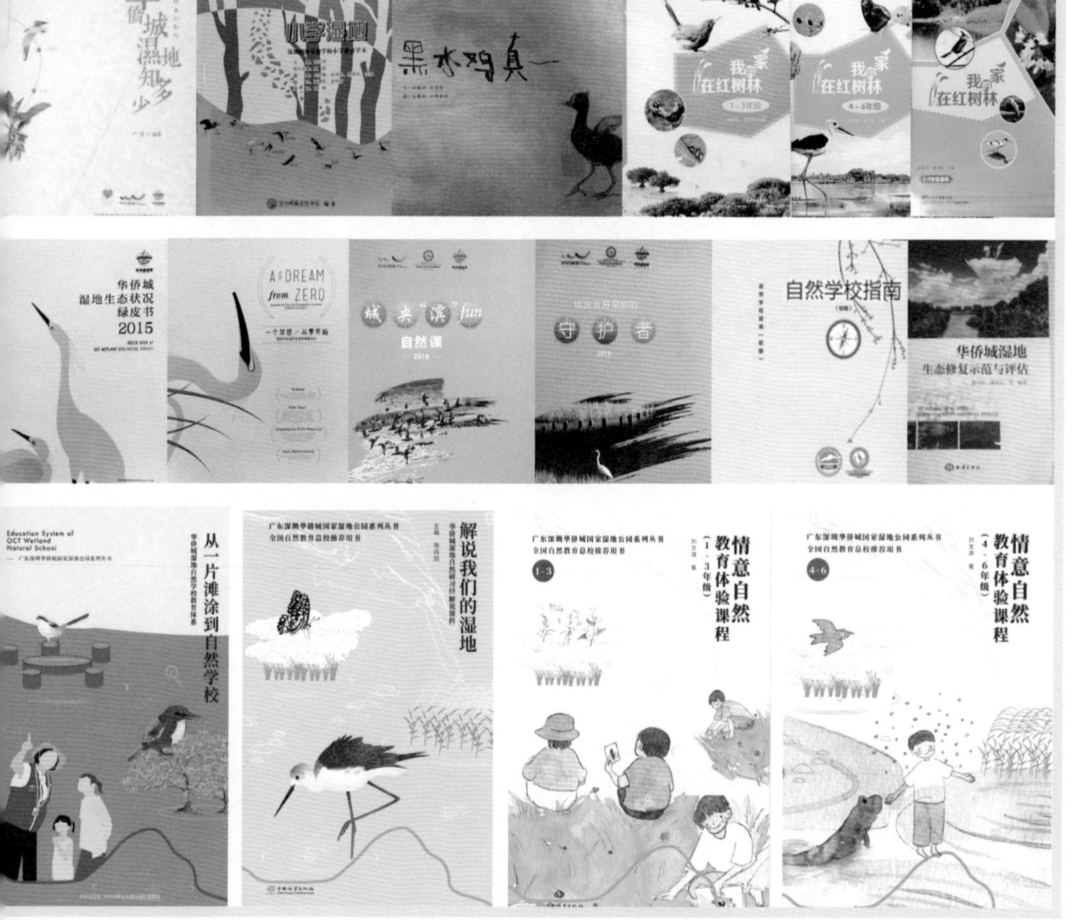

2014 年至 2019 年，华侨城湿地推出的系列丛书

二、“校—校”合作，迸发教育新动力

早在 2014 年，华侨城湿地自然学校就与毗邻的碧海小学（现明德小学碧海校区）合作。华侨城湿地
然学校工作人员每周走进校园，为明德小学碧海校区 36 名五六年级学生开展自然课，在一个学年中，
完成了 26 节自然课。

2019 年，华侨城湿地与华侨城小学达成了“校—校”合作的新模式。6 月 17 日，华侨城湿地自然
校与第一所挂牌成立的自然教育试点学校——华侨城小学举办了庄重的揭牌仪式。华侨城湿地作为华
城小学的生态课程实践基地，与华侨城小学在生态教育课程开发与实践方面进行深度合作。至此，自
学校与体制内学校就自然教育实践展开了深度的新型合作模式。

通过此次“校—校”合作，华侨城湿地自然学校的优秀生态教育课程进入学生们的课堂中，让丰富
自然教育资源充实学生们的课堂。学习已不只是 45 分钟，而是渗透到生活中的点滴；学习已不只在学
，而是在更广阔的大自然天地；学习已不只是书本的知识，大自然里的一草一木、一鸟一虫，都可以
我们的老师。

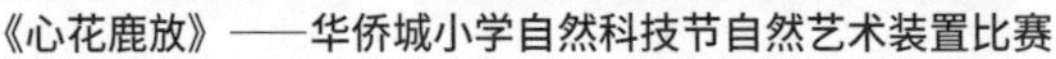
《心花鹿放》——华侨城小学自然科技节自然艺术装置比赛

华基金在华侨城小学开展零废弃达人挑战赛赋能训练营

华侨城湿地与华侨城小学达成“校—校”合作新模式

华侨城湿地自然学校走进明德小学碧海校区开展自然课

华侨城小学全校师生表演手语操《一个干净的地球》

三、教育培训，育人助力

2019 年 4 月 11 日至 12 日，由华基金与生态环境部宣教中心联合主办，华侨城湿地自然学校承办的“2019 年全国自然教育传播者研讨交流会”在华侨城湿地举办。来自全国 14 个省市的自然教育机构、生态环境部门宣教中心等单位的 80 名代表全程参加了活动。华侨城湿地自然学校的工作人员组织了一整天的工作坊，结合华侨城湿地“三个一”的运营模式和以理论与实践相结合的自然教育方式进行活动。

培训内容包括《华侨城湿地自然教育模式》《从志愿者到环保志愿教师——华侨城湿地自然学校环保志愿教师运营模式》《流动的“自然课堂”——环境解说系统建设》《一个课程，从无到有——课程研发及带领》以及华侨城湿地课程活动体验工作坊。活动将从场域需求、不同职业、不同活动角度出发，和培训人员一起来探讨如何做好一个自然教育活动。通过“理论 + 工作坊”的培训模式，列举自然学校教育课程优秀案例，加深从业者对自然教育的理念认知，鼓励从业者在自己的工作领域不断实践和探索。

理论分享

经验分享

破冰之旅

讨论碰撞

直接体验

分享启示

学员设计课程方案

四、自然学校，引领示范

自2014年华侨城湿地自然学校成立以来，华侨城湿地在自然教育的道路上不断实践与摸索，建立自然教育体系，得到社会各界的认可和推崇。湿地也积极参与到自然教育的经验分享和传播中，希望将原创的自然教育经验传播到更广阔的中国大地上，给更多有意愿从事自然教育的人带来启示。

7 年来，华侨城湿地自然学校的自然教育模式传播到全国各地，包括北京、香港、安庆、南京、深圳、昆明、杭州、海口、泉州、韶山、青岛、台湾、伊春、武汉等十多个地区，也传播到日本、韩国等国家，直接参与公众超过 1万人次，间接影响受众超 10 万人次，影响深远。

2015

2015 年 10 月北京，在第一期全国自然教育骨干人员培训班分享教育经验

2015 年 12 月北京，在全国中小学环境教育社会实基地负责人培训班上分享教育经验

2016

016 年 7 月韩国，在东亚青少年湿地保护会议上分享教育经验

2016 年 12 月泉州，第一届中国湿地论坛上分享教育经验

2017

17 年 8 月北京，湿地公园规划建设和湿地修复技术培训班上分享教育经验

2017 年 11 月香港，第八届两岸四地可持续发展教育论坛上分享教育经验

2018

018 年 4 月南京，全国自然教育骨干培训班上分享教育经验

2018 年 10 月日本，在第 19 届中日韩环境教育研讨会上分享关于“新型湿地管理模式”教育经验

2019

019 年 10 月深圳，第一届中国自然保护国际论坛上分享生态修复经验

2019 年 11 月武汉，第六届全国自然教育论坛上分享教育经验

第二节 媒体报道

判天地之美、析万物之理。

——庄子

自开园以来，华侨城湿地在华侨城集团的引领下，在社会各界的支持下不断推进工作，在生态修复、运营管理、自然教育等多方面的工作上展现风采，受到了多家媒体的报道。

一、生态修复成果类

2007 年，华侨城集团从市政府手中接管湿地，以“保护、修复、提升”为原则，历经五年进行综合治理。多年的修复工作，使华侨城湿地的物种多样性得到提高。据统计，华侨城湿地鸟类与植被的种类记录较 2007 年生态修复前提升超过 1 倍（数据截至 2020 年底），成为城央原生态自然家园。近年来，《深圳晚报》《中国环境报》《Shenzhen Daily》等多家报刊报道了华侨城湿地的生态修复成果。

都市新闻

华侨城湿地记录生物600余种

红毛猩猩为自己代言

7所公办普高开展自主招生

深圳市职防院打击骗保严控医托

读创 权威科技财经APP

《深圳商报》报道华侨城湿地生物修复成果

豹猫潜行 鹭鸟惊呆

——华侨城国家湿地公园“守护人”的“自然守护法则”

2015-2020 深圳生态环境建设大事记

建设美丽深圳 重在全民参与

歌颂历史成就抒发爱国情

党史读物专区亮相6大书城

深圳特区报

《深圳特区报》报道华侨城湿地优良生态环境

生态文明建设先行示范

细蟌现身白琵鹭安家
深圳生态资源“家底”喜人

新记录野生植物34种、自然生态系统动物12种

BT产业领袖峰会11月18日将在深举行

深圳市提升社会工作服务水平若干措施11月12日起实施

深圳晚报

2020年深圳市劳动模范
和先进集体表彰大会召开

武汉东湖新城社区来深圳北站社区“走亲戚”
深化两地结对共建探索基层治理创新

走亲戚

现踪迹

华侨城湿地首次记录到怀氏虎鸫
观鸟爱好者曾在深圳多地发现这种候鸟踪迹

外籍人士办业务
审批效率再提升

罗湖招商签大单
投资额超820亿元

快来南山博物馆
探千年楚人生活

《深圳晚报》报道华侨城湿地稀有物种出现

《深圳晚报》报道华侨城湿地新物种发现

二、自然教育成果类

自 2014 年成立华侨城湿地自然学校以来，团队为热心公益、热爱环保的深圳市民提供公益平台，都市居民提供一个亲近自然、友善自然的自然教室。携手环保志愿教师，华侨城湿地自然学校已经服超过 3.1 万人次（数据截至 2020 年底）。有多家媒体对与于湿地的自然教育进行了报道评价。

深圳报业集团
SHEN ZHEN PRESS GROUP
晶报

11
新闻+法治深圳

警惕收藏品“套路拍”！
深圳警方打掉6个诈骗团伙　刑拘135人

民警耐心普法教化　盗车男子及时自首

小一学生走进华侨城湿地
探寻“树朋友”的奥秘

中国绿色时报

自然教育

自然教育：保护从教育开始

打造自然教育之城

“三个一”打造大自然课堂

现代都市里的自然教育

建设“红绿新学堂”

探索自然教育武汉模式

《晶报》报道华侨城湿地自然教育课程开展

《中国绿色时报》报道华侨城湿地自然教育开展情况

深圳华侨城国家湿地公园挂牌

盐田"进步幅度最大"

深圳多所高校上榜

深圳市2020年国民经济和社会发展统计公报

深圳商报 读创

《深圳商报》报道华侨城湿地活动

2018年6月6日 星期三 20 资讯

传递"零废弃"理念，探秘生态自然

凤凰花自然艺术课堂开展"六一"专场活动

亲近自然 与自然在一起

以"自然艺术季"宣传生态文明

《深圳晚报》报道华侨城湿地自然艺术季活动

三、运营管理成果类

作为城央湿地，华侨城集团及湿地运营团队从环境保护、生态系统、运营管理进行了全面思考与探索华侨城湿地借鉴保护区的管理模式，以"保护性修复"为前提，实行"预约进入、免费开放"的运营模式保证湿地的公共开放性、公益性。同时，又以"还自然一个自然的状态"的理念，以不消杀、不做景观修剪等自然管理方式，营造了不同生物的栖息环境和更加完整的生态系统，让这里集湿地体验、生态保护和科普宣教于一体。对于华侨城湿地的运营管理成果，平均每年有超过 10 家媒体进行了报道评价。

02 政经要闻

《方案》为深圳先行示范综合改革助力

PM2.5过去5年降幅近四成

深圳华侨城国家湿地公园"转正"

前海发出首份商标收文回执

深圳鸿逸达科技入围新锐企业TOP70

深圳商报 读创

《深圳商报》报道华侨城湿地成为国家湿地公园

12 旅游天地 人民日报

畅游湿地深呼吸

跟随"云导游" 来场无接触之旅

上饶上饶 上乘富饶

《人民日报》报道华侨城湿地

第三节　大众感言

种子组成这样浩浩荡荡的千军万马，飞越山峰，穿过洼地，跨越河流，留下纷繁复杂的轨迹，看准风停的间隙，找个陌生的所在歇息，随之便孕育出又一个种群……我相信种子有强烈的信仰。相信你也同样是一颗种子，我已在期待你的奇迹发生。

——亨利·戴维·梭罗

一、行业专家感言

湿地是自然界最富生物多样性的生态系统和人类最重要的生存环境之一，具有巨大的资源潜力和环境、社会、经济功能。党的十八大以来，中央领导对于湿地保护高度重视，并作出了一系列重要指示，要求切实强化湿地保护和恢复，并出台了一系列规章制度。

2016 年，在国家林业局开展国家湿地公园试点工作中，华侨城湿地以其独特的管理运营模式，丰富的生物多样性以及完整的生态链系统突出重围，被国家林业局批准成为全国面积最小、深圳市首个国家湿地公园（试点）。

华侨城湿地也是企业管理最成功的湿地公园。从 2014 年开始建立全国第一所自然学校，发展得非常迅速，以小见大，出了许多书。其志愿者团队，从不规范到规范，队伍中藏龙卧虎，有许多人在这里发挥自己独特的价值。科普宣传和自然教育可供全国各地湿地公园学习借鉴。

——马广仁　历任国家湿地公约履约办公室主任、国家林业和草原局林业工作站管理总站站长

深圳是我国设立的第一个经济特区。40 年过去了，当初的“小渔村”，如今发展成为拥有超过2000 万人口的现代化国际大都市。这座城市的发展崛起，创造了世界工业化、城市化和现代化史上的奇迹。

然而，在这繁华的闹市区有一块被深圳人喜爱的湿地，人称“静美湿地、浪漫芦苇草甸、绿色生态走廊、市区里观鸟圣地……”。她就是华侨城湿地，占地面积不足70万平方米，可以说是全国面积最小的国家湿地公园。这个湿地公园虽然面积不大，但处于城市的中心地带，与深圳湾红树林自然保护区形成规模宏大的城市生态圈。

在湿地保护与管理、宣传教育方面，华侨城湿地给全国起到示范作用。他们开创了“政府主导、企业管理、公众参与”的创新管理模式。2014 年成立全国第一所自然学校并加入全国湿地学校网络，通过公益的自然教育课程及环保理念传播，让许多人了解湿地、体验自然。

华侨城湿地因在自然教育、生态保护等方面的突出贡献，受到社会的广泛关注和认可。2021 年还获得了“全国湿地学校先进集体”称号。

湿地自然教育任重道远，永远在路上。祝愿华侨城湿地自然教育之花，开遍全国！

——陈克林　国际湿地主任

自然保护地是生态建设的核心载体，在维护国家生态安全中居于首要地位。建立以国家公园为主体的自然保护地体系，是贯彻习近平生态文明思想的重大举措，是党的十九大提出的重大改革任务。2016年设立华侨城国家湿地公园试点以来，通过整合优化进一步突出了湿地、重要森林生态系统等核心、重点资源的保护，实现了自然保护地生态功能与质量双提升，获得社会各界的广泛好评。华侨城湿地不仅为我市探索高度城市化地区自然资源保护提供了丰富的经验，也为科学统筹经济社会发展与动植物保护起到了示范效应。立足新起点、展望新未来，期待华侨城湿地作为我市生态文明建设先行示范案例，为保护生物多样性、保存自然遗产、改善生态环境质量和维护生态安全方面继续发挥重要作用，努力为全国提供可复制推广的“深圳样本”。

——张谦　深圳市规划和自然资源局党组成员、市规划土地监察局局长

20 世纪 90 年代，深圳湾填海留下一片贫瘠的滩涂，在华侨城的科学治理之下，逐渐形成如今的华侨城湿地。在深圳这样快节奏的城市中，能保留一片闹中取静、生态环境状况保持良好的区域，实为不易。

习近平总书记在十九大报告中提出，要加快生态文明体制改革，建设美丽中国。深圳作为现代化、国际化创新型城市，更要大力推进绿化工作，提倡自然教育，激发公众保护环境的责任感和行动。

2014 年，生态环境部宣传教育中心与深圳市生态环境局、华侨城集团共同支持第一所自然学校在深圳华侨城湿地落地。这是一个颇具代表性的时刻，作为深圳首家国家湿地公园，华侨城湿地牵头建立自然学校，不仅将可持续发展提升到绿色发展高度，还为中华民族实现伟大复兴中国梦增砖添瓦。

——张亚立　深圳市生态环境局副局长

过往 40 多年里，创新力、科技力让深圳完成了从边陲小镇到超级都市的飞跃，在未来，自然力，将是推动与呵护这个城市和美宜居与持续发展的力量——华侨城湿地坚持的实践显现了“自然力”可以为这个城市带来的美好。

包容的深圳不应该以人为唯一的中心，良善的城市道法自然，敬重生命，呵护多样的生境与多样的生命。移民之城深圳不仅拥有多样的发展机遇，也提供着有益身心的自然福祉。此处安身是我们的新家园，此处安心是我们的新故乡，感谢华侨城湿地，有一个万物茂盛的空间，有一只志同道合的队伍，一同参与家园城市的进步与改变，一同憧憬并共同创造着这个城市更美好的未来。

——南兆旭　深圳历史与自然研究者

自然教育之地。每一只鸟，每一棵树，每一朵花，每一种果，都是孩子们的一间教室，一门课程，一项探索，一次成长。在这里，自然即教室，自然即老师，自然即生活，自然即自我，这是华侨城湿地与别的湿地最为不同的教育功能，湿地与孩子的关系最为密切， 湿地与居民的互动最为真切，湿地与教育的关联最为亲切。

诗意栖居之地。这里不仅栖居着超过 170 种、数千只鸟类，也栖居着无数蓝天碧海上诗意飞翔的心，是深圳这个城中央的“在水一方”，也是深圳人绿色宜居生活里不可或缺的“翡翠明珠”，是小而美的湿地公园范本，其衍生的环保志愿者行动折射着深圳人以实际行动将生态文明建设向纵深推进，为青山常在、绿水长流、空气常新的美丽中国贡献的创新实践。艺术审美之地。一方面，植物不做公园式裁剪、不做蚊虫消杀、不设园内垃圾桶，遵循“无痕湿地”的理念，引导人们减少垃圾产生，降低对环境的影响，另一方面，开展“零废弃”与自然艺术季活动，把 2.5 公里的游园小道变成创意非凡的“零之路”，让每一个来到湿地观光的人们看得到童心，看得到亲情，看得到创造，看得到感动，看得到美好，也看得到未来。让一块城中央的小小湿地写满彼此共同的环保追求与绿色故事，让 2.5 公里的道路有了 2 万 5 千里生态保护与建设伟大长征的深刻意味。

——王智慧 华侨城小学校长

二、志愿者感言

湿地的一草一木都散发出无穷无尽的正能量，动植物是我们人类的好朋友，爱护它就是爱护我们自己。

环保志愿教师：一期 - 橘子（李柳菊）

希望湿地的水常绿、地常青，一直都是人与自然和谐相处的乐园！

环保志愿教师：一期 - 大雁（罗浩雁）

希望从自然中汲取力量，收获内心的成长，从而去影响更多的人。

环保志愿教师：二期 - 雪花（韩江雪）

在华侨城湿地全身心地融入自然，和自然玩游戏、做朋友，是一件非常有趣的事情。

环保志愿教师：三期 - 潇潇雨（邓秀华）

华侨城湿地就像一个笔记本，每次服务写几页，到了第 7 年已写满一本，未来还需要更多的人一起书写。

环保志愿教师：三期 - 骆驼（陈培武）

位于城市中心的华侨城湿地仿若一处世外桃源，在这里服务的时光总是很纯粹，简单地付出，却总是收获满满，很感恩、很享受在这里度过的四季。

环保志愿教师：四期 - 初雪（彭佳冰）

华侨城湿地是孕育自然教育的肥沃土壤，它滋养着一批批的环保志愿教师和受众，让他们感受大自然的爱以及传播自然的爱！很感恩我能成为这里的一员，并立志永远成为这里的一员！

环保志愿教师：五期 - 薰衣草（黎文艳）

在华侨城湿地，我最大的改变是认识了很多鸟、很多植物以及很多的人。拍拍拍，是我认识自然的方式，在华侨城湿地我能尽情地拍摄。

环保志愿教师：六期 - 鸬鹚（王嘉）

一次游园踏青的活动，让我邂逅了华侨城湿地，感慨闹市中难得的宁静。静谧中仔细聆听，处处生机处处美。

环保志愿教师：六期 - 玉兰（余岚）

每次走进华侨城湿地，真正领悟地处城市腹地的公园，给市民生活休闲带来的便捷。不仅能学到如何更好地与自然和谐共处，还能在有限的生命长度里，拓展生命的宽度。

环保志愿教师：七期 - 蓝天（朱启兰）

坚持做喜欢的事会让自己发光，而这束光又会在某一时刻照亮别人的心！

环保志愿教师：七期 - 反嘴鹬（吴璟）

华侨城湿地对我们志愿者而言就是一个大家庭，同时湿地开展各种高质量的培训，志愿者在服务的同时还能学习更多的知识，让我们尽情地展示自己的个性，发挥自己的特长。

环保志愿教师：七期 - 大米（周军）

服务都是做自己喜欢的事情，来华侨城湿地就像度假一样，每次来了之后都可以带着好心情回家。

环保志愿教师：八期 - 红叶（邹马君）

以前出行，看树就是树，看鸟就是鸟。加入了华侨城湿地以后，学会开始仔细观察动植物的特点，观察大自然，非常充实。

环保志愿教师：八期 - 荷（胡敏）

成为一名环保志愿教师，让更多的人来关注、爱护身边的生态环境。是一件非常值得我们不懈努力的事。华侨城湿地的环保志愿教师都是最棒的。

环保志愿教师：九期 - 琥珀（曹稔）

从我 10 岁以来在华侨城湿地自然学校，和众多环保志愿教师伙伴们一起，参与各种环保活动。让我不断地学习成长，还能够付出自己的努力和行动。我会一直继续下去。

环保志愿教师：九期 - 山竹（曹佑羽）

华侨城湿地是一间特别的教室，这里美好、宁静且富有生机。我喜欢在这里感受万物生长的美，这里是我心灵的空间。

环保志愿教师：九期 - 高榕（李海萍）

在华侨城湿地除了学习到很多知识，更重要的是交到一群朋友，没有目的，一心为了环保和自然。

环保志愿教师：九期 - 苍兰（王元敏）

我见证了华侨城湿地围“湖”造“园”以及自然学校的建立。在城市中心的这一片净土上，有绿意盎然，更有爱意流淌。

环保志愿教师：九期 - 栀子（张爱珠）

因为喜欢所以坚持，我相信只要做了，就会有影响，融入生命里。

环保志愿教师：九期 - 太阳（钟晓杨）

从细微处观世界，以小见大，会发现这个世界是如此美丽。

环保志愿教师：十期 - 懒猫（操旻明）

在华侨城湿地，你不是来学习的，而是来全身心地投入自然体验中的。

环保志愿教师：十期 - 柚木（方祎）

很高兴，在华侨城湿地，我从“种子”变成了“播撒种子的人”。

环保志愿教师：十期 - 白鹭（郭淑娟）

湿地是红树之家，顺其自然，自然而然的相见欢在华侨城湿地自然学校随处可见。在这里，人和自然彼此尊重，彼此关爱，彼此守护。

环保志愿教师：十期 - 红树（朱兮华）

让更多人喜欢自然，是对自然很好的事情。

环保志愿教师：十期 - 君迁子（张然）

想把时间放在湿地这样有意义的地方，做一些有意义的事情。让更多的人能关注到身边的自然，关注到我们的环境。

环保志愿教师：十期 - 燕子（郑铭燕）

一群灵魂相似的人，来到了灵魂的寄居地，做着些予人玫瑰的事，这就是湿地的魅力吧。

环保志愿教师：十一期 - 艾叶（谢素端）

华侨城湿地，是繁华都市中返璞归真的美好家园。每一次行走其中，都有与可爱生物的奇遇。

青少年志愿者：一期 - 小琵鹭（黄云熙）

华侨城湿地和其他市政公园不一样，这里生态环境保护得很好。园区不消杀、不修剪、不开灯，为生物提供更好的栖息环境使生物生态链完整。华侨城湿地如同城市宝石，熠熠生辉。

青少年志愿者：二期 - 龙猫（伍梓元）

在华侨城湿地服务是一份锲而不舍的坚持和一种积极向上的生活态度。

青少年志愿者：二期 - 小龙虾（刘尚书）

来华侨城湿地，让我更加了解大自然。在湿地做志愿服务，我认为是一件特别充实和有趣的事情，特别是讲解红树的时候。

青少年志愿者：三期 - 小马驹（齐晏驹）

在华侨城湿地做志愿者，不仅能学到自然知识，也能用微薄之力去带动更多的人去关爱自然。

青少年志愿者：三期 - 竹子（张丞佑）

华侨城湿地对生物的保护引发我对生活的思考。守护湿地、守护自然，我们就要先从减少垃圾的产生、合理回收利用垃圾这些小事做起。

青少年志愿者：三期 - 小熊（熊含景）

红树为伴、白鹭相依，我愿将可爱的湿地介绍给所有的到访者，在湿地进行志愿服务使我的灵魂得以升华。

暨大服务队： 千叶兰（唐彪）

享受在华侨城湿地劳动后的爽快。有一起流汗的好友，服务之后满满的成就感，沉浸在自然治愈的时光中。

暨大服务队：北极狐（戚熙苒）

三、学员感言

城市中的小朋友能接触自然的机会比较少，我们也感觉到小朋友跟大自然的联结有缺失，小时候就孩子到公园玩，后来很幸运地加入华侨城湿地的自然课堂。在课程中无论孩子还是大人都得到了成长，侨城湿地给大家带来一个很好的平台，能让小朋友和大人一起了解自然。

也希望孩子们通过和自然的接触，在她小小的心灵里面能够种下自然的种子，这颗种子慢慢地长大，后会用发现的眼睛去看待世界，去发现更多美好。也希望通过自然课程的活动让小朋友对自然更热爱，对环境保护多一些关注。

——翠鸟妈妈

来到华侨城湿地的自然课堂应该叫深度的自然体验，孩子们到湿地里亲手触摸到自然，从种子到发到幼苗，再到一开始不知道如何处理的毛毛虫、蜗牛，到后面慢慢和自然相处。在学习书本知识之前，子们往往缺少了对自然的真实体验。参与自然体验，会把“自然”深度编织在孩子们的生命里面。

我们很容易忘记“自然”，它是最珍贵的资源，它对所有人都是免费开放的，但是我们似乎没有去受自然带给我们的资源。孩子们参与华侨城湿地的自然课堂，带来很大的惊喜，这里尊重生物多样性律，不轻易去清除任何植物，让它呈现完全自然的状态，在都市里是很难得。这样的自然才能真正地验到自然生态的多样性。华侨城湿地做到了，在都市里保留了一块很纯真的自然。

——家长木槿

如果不去体验，我们永远不会知道是什么进入了我们的生命。不论我们是否有意识，我们都会走在己想走的路上。小鸟课堂，以另一种方式去接触大自然，比以往的玩耍更让我们近距离地去了解大自的某一种生命状态。

真心钦佩这些脚踏实地的自然工作者们，他们与孩子的互动自然流露着有清晰界限的尊重与爱护。是让我触动特别大的。

我们常说要学会尊重、学习界限，这些原来都是可以在和大自然的树木花鸟相处中学会的。我们说要带娃亲近大自然，孩子小的时候就是去玩，好像可以不用什么太多的专业知识，但最近发现对于九岁的孩子只是去玩已经不够了，还需要开始学习更多的与自然相处之道。参与一个课程，最终吸引们内心的不是课程本身，而是我们看到了这个课程里的人所呈现的生命状态。

课程只是形式，真正的教育只会发生在最本质的部分，那就是教育者的生命状态。感恩老师们的高量陪伴，期待着将来继续学习的可能性。

——家长秋玲

老师说，因为深圳的环境越来越好，每年都会有上百种鸟儿飞到深圳度过冬天，我为我们城市能受这么多鸟儿的欢迎感到自豪，我以后也要更加爱护环境，迎来更多的鸟儿客人。

——秦昕（8岁）

大自然是孩子最好的老师，孩子这个年龄就该尽情去拥抱，尽情去发挥，细心去观察的一个地方，就是大自然。父母不要过分依赖书本上的育儿理论知识，从而忽略了身边活生生的直观教材，不要把富有教育意义的自然教育荒废了。

——家长赖潇宁

深圳是个快节奏的城市，每天都匆匆忙忙，车水马龙已快到让我们失去了观察自然的能力，但参加几次湿地的观鸟活动，慢慢吸引着我和孩子，放下手机，真正地走到大自然中去，聆听小鸟们悦耳地唱歌，去寻找鸟儿们可爱的身影、去探索和欣赏鸟类的美。

在华侨城湿地，这里生态环境与外面的高楼相比，让我深切地感受到与自然和谐相处的快乐，不过万里迁徙的鸟儿们所生存的环境也要靠我们每一个人去爱护，去珍惜。确实如孩子所说，地球不只是我们人类的地球！现在我和孩子走在路上，有时也会偶遇一些小鸟，会停下脚步来记录它们的特征，听听它们的叫声，讨论这是哪种小鸟，回到家还会翻翻专业书籍找找这种鸟的介绍知识，我想我会和孩子一起继续参与这样的活动，还会介绍给身边的每一个朋友，让大家也参与进来，了解更多。

——家长李可

四、社会人士感言

自华侨城湿地不断进驻微博、微信公众号、视频号等线上平台以来，湿地以更开放的态度接纳公众的意见，提升服务，同时，也收到了社会各界人士的评价。

一位户外探索从业人员说道：“深圳，这座寸土寸金的城市，68 万平方米的湿地公园坐落于深圳湾畔，周边高楼林立，车水马龙，却在这小小一隅的空间，各类生物彼此共同生长，绿意葱茏，鸟鸣啾啾。人与自然相得益彰，奏出的是和谐的音符。”

深圳本地生活类公众号“Shenzhen Weekly”称华侨城湿地为深圳的“宝藏公园”。笔者记录到：5 公里的路线上，沿途满是繁华绿树，扶桑花组成了花道，色感丰富得像宫崎骏笔下的世界 。

除了“Shenzhen Weekly”，公众号“Life 深圳”称华侨城湿地为“家门口的国字招牌”“这里不仅是观鸟胜地，还是深圳人亲近自然的好地方。”公众号“深圳全接触”则这样形容湿地：“林荫小道曲径通幽，满目苍翠，静谧而美好。”

“Shenzhen Weekly”称华侨城湿地为深圳的“宝藏公园”

公众号“深圳全接触”评价华侨城湿地

深圳地铁官方微信公众号点评华侨城湿地“野性十足”，树木花草按照着自己的方式肆意生长。

深圳地铁官方微信公众号点评华侨城湿地

在微博平台上，华侨城湿地官网微博时常会收到公众的“提及”，他们有的是亲子家庭，有的是自然爱好者，有的是来自其他城市的游客……通过线上平台，公众与工作人员即时进行互动，分享在湿地的所见所得，互相促进成长。

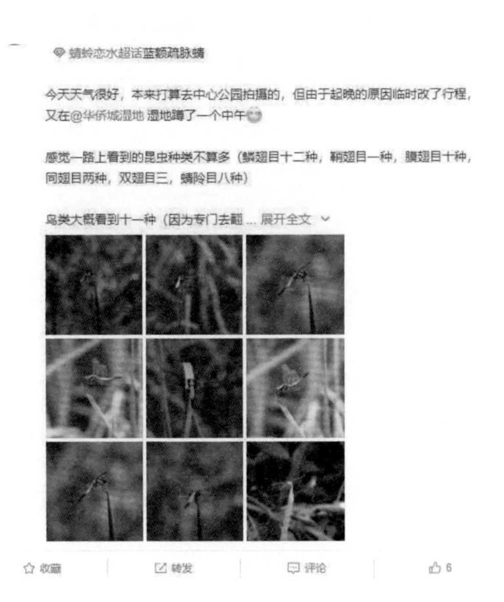

网友在华侨城湿地所记录到的生态瞬间

@华侨城湿地 深圳·华侨城湿地公园

+5

收藏 转发 评论

网友游园拍摄的湿地美景

深圳|这个湿地公园规定很“奇葩”，却绝对是和孩子探索自然的好去处！

原创 曼竹鱼 安咕 2017-11-03 15:50

扫码查看全文

昨天介绍对深圳teamlab的亲测，现在来说我和元元亲测深圳华侨城湿地公园。

这儿真是又奇葩、又叫人喜欢！

我其实对这个湿地公园有所耳闻，心想找个机会要去实地探访一番。

华侨城湿地是上世纪深圳湾填海时留下的珍稀生态区域，占地面积约68.5万平方米，拥有大面积的红树林群落和100多种珍稀鸟类。

它是中国**唯一**地处现代化大都市腹地的滨海红树林湿地；也是目前国内**面积最小**的国家级自然保护区。

2017 年一位妈妈带领孩子参观湿地后对湿地的评价

参考文献

国家体育总局青少年体育司，中国登山协会，2018. 营地指导员基础教程 [M]. 北京：高等教育出版社 .

环境友善种子团队，2017. 课程设计力：环境教育职人完全攻略 [M]. 上海：华都文化 .

理查德·洛夫，2014. 林间最后的小孩 [M]. 北京：中国发展出版社 .

林鹏，傅勤，1995. 中国红树林环境生态及经济利用 [M]. 北京：高等教育出版社 .

小莹，2013. 走进神奇的红树林 [J]. 百科探秘·海底世界 .

约瑟夫·巴拉特·康奈尔，2017. 倾听自然 [M]. 北京：东方出版社 .

约瑟夫·柯内尔，2013. 教出孩子的生存力 [M]. 北京： 北京联合出版公司 .

约瑟夫·克奈尔，2014. 与孩子共享自然 [M]. 北京：九州出版社 .

约瑟夫·克奈尔，2019. 深度自然游戏 [M]. 长沙：湖南教育出版社 .

昝启杰，谭凤仪，2016. 华侨城湿地生态修复示范与评估 [M]. 北京： 北京海洋出版社 .

周儒，2013. 自然是最好的学校：台湾环境教育实践 [M]. 上海： 上海科学技术出版社 .

特别鸣谢

感谢所有给予
华侨城湿地帮助的
政府单位、企业、机构及个人！
感谢志愿者的努力付出，
华侨城湿地的明天因你们的参与
将会更加美好！